OCCUPATION SKILL

力　　言◎编著

现代防水工实用技术

XIANDAI FANGSHUIGONG SHIYONGJISHU

严把建筑防水第一关，为人们提供一个舒适和安全的空间环境。

中国农业出版社

图书在版编目（CIP）数据

现代防水工实用技术 / 王志和编著. —北京：中国农业出版社，2015. 1（2024.9 重印）

ISBN 978-7-109-20101-9

Ⅰ. ①现… Ⅱ. ①王… Ⅲ. ①建筑防水-工程施工-技术培训-教材 Ⅳ. ①TU761. 1

中国版本图书馆 CIP 数据核字（2015）第 011393 号

中国农业出版社出版
（北京市朝阳区麦子店街 18 号楼）
（邮政编码 100125）
责任编辑 刘 玮 黄向阳
文字编辑 李兴旺

北京万友印刷有限公司印刷 新华书店北京发行所发行
2016 年 8 月第 1 版 2024 年 9 月北京第 2 次印刷

开本：910mm×1280mm 1/32 印张：7
字数：200 千字
定价：49.80 元

Preface

前言

防水工程，是指为防止雨水、地下水、滞水以及人为因素引起的水文地质改变而产生的水渗入建（构）筑物，或防止蓄水工程向外渗漏所采取的一系列结构、构造和建筑措施。其中，建筑防水工程是最为广泛也非常重要的一项，因为它直接影响着人们的生命安全、住房舒适度，大到影响着经济的良好、持续发展。

实际上，建筑物渗透问题历来被建筑工程所重视，同时也是一项较为普遍的质量通病，住户投诉屋面漏水、墙壁渗透等问题不在少数。这不得不警示我们，必须从基础做起，严格把关，严管建筑物质量问题，提高建筑物的防水能力。只有打好基础，才能起到事半功倍的作用，也才能最大限度地节约自然资源、社会资源。要做到这一点，就需要合格且技术优良、娴熟的防水工这一关键支撑。如今建筑行业发展势头正劲，也正需求越来越多的高素质、高水准的防水工投入进来。

防水工是土建专业工种中的重要成员之一，主要指对建筑表层进行防水施工与维护管理等技术工作的工人。所谓建筑的防水功能，是指使建（构）筑物在设计耐久年限内免受雨水及生产、生活用水的渗漏和地下水的侵蚀，确保建筑结构、室内装潢和产品不受污损，为人们提供一个舒适和安全的空间环境。防水工必须在此基础上，投入自己的专业知识与技术，严把建筑防水第一关，同时在建筑物出现渗透问题时，能够寻求专业、有效的解决途径，重建建筑物的防水能力。

防水工程主要分为屋面工程防水、地下工程防水、外墙防水以及厨卫防水。本书即是在此基础上，结合防水工职业技能要求，以提高防水工实际操作能力及整体素质、提高建筑工程质量和安全为目标进行编写，内容涵盖了先进、成熟、实用的建筑工程施工技术，力求做到内容实用、先进，紧密结合时代性对防水工的技术要求、施工现场对操作岗位的基本要求，帮助防水工更好、更快地入门，逐步转变成为技术高手，投入实际生产。

建筑防水工程是一个系统工程，它涉及材料、设计、施工、管理等各个方面。这也对防水工提出非常高的知识与技能要求。本书介绍的内容翔实、精细、实用，能够满足防水施工人员的知识需求、技能需求，是防水工从零基础或少基础到入门、精通的有力助手。

限于编者水平，从书如有错误与疏漏之处，敬请广大读者批评指正。

Contents

第一章 防水工程理论常识

第一节 防水工程发展概述

防水工程的定义是，为了避免地表水（雨水）、地下水、滞水、毛细管水和人为原因导致的水文地质改变而产生的水渗进建筑物和构筑物，或蓄水工程发生外渗漏，以及建筑物内部相互止水所采取的一系列建筑、结构和构造措施的统称。防水工程施工是整个工程施工过程中的一个极为重要的步骤。

如果想达到防水工程设计的目的，使防水材料的功能得到充分发挥，质量得到保证，寿命得以延长，就要求必须做到严格施工。保证防水工程质量的重要环节是防水工程施工。防水工程施工的成败不仅对防水工程的成败有着直接的作用，而且会影响到建筑物与构筑物在合理的设计耐久年限内的使用功能，进而对人们的生产、工作和生活造成影响。防水工程一旦发生严重的渗漏，就会威胁到人们的生命，也会产生不可估量的财产损失。正因为如此，防水工程的主要任务在于加强施工管理，精心组织施工，确保工程设计意图的实现，以及防水工程质量的提高、工期的缩短和效益的提高。

一、防水工程及材料发展历史

1. 古代防水

先民最初居住在洞穴中，后来搬到了平原地区，他们先用树枝和树叶搭棚，因为棚子搭在树上可以避风挡雨并且避开野兽的袭击，后来他们又盖起了以土为墙，以植物草叶、天然石板和夯土为屋盖的房子。在我国，砖、瓦出现在秦汉以后，砖适用于墙面，瓦适用于顶面。屋顶不仅用致密的多层叠合的瓦进行防水，还以大坡度把水排掉，因此这种技术强调的是防排结合，以排为主，以防为辅。以构造防水为主，以材料防水为辅，将构造和材料结合起来的防水做法，在我国持续两千年之久。由于当时经济发展条件有限，这种防水做法只能使居住房屋免受雨水的侵入，在民间，住房多是草屋，屋面采用冷摊（铺）瓦和栈砖坐灰瓦，北方少雨地区屋面主要采用夯土和砖拱覆土。宋元以后，琉璃瓦成为宫殿、庙宇建筑的最佳选择，建筑物也进行了多道设防来防水。譬如故宫，它的青砖墙是用石灰加糯米汁或杨桃藤汁调制为灰浆，磨砖对缝砌筑而成的，防水功能相当不错。它的屋顶采用的防水层在五道（层）以上，首先在木望板上铺薄砖，然后在薄砖上铺贴用桐油浸渍过的油纸，其后在油纸上拍灰泥层。灰泥层的制作步骤是，首先将石灰加糯米汁拌和铺抹一层，而后均匀地拍进麻丝。灰泥层是一层拥有一定强度、具备很大韧性、致密不会开裂的防水层。灰泥层上铺一层金属“锡拉背”（锡合金），然后用焊锡连接成一个整体，“锡拉背”属于耐腐蚀性的惰性金属。再在“锡拉背”上铺一层灰泥加麻丝，最后坐浆铺琉璃瓦进行勾缝。故宫太和殿是综合治理的典范，掀开了中国建筑防水史上辉煌的一页，它不但用材考究、做工精细，而且所有工序的工艺都很严格，任何一道防水层的防水能力都很可靠，这些成为它即使历时200年也不曾进行大修的良好保障，很值得我们后人骄傲、学习和借鉴。

琉璃瓦

古代地下工程因为墓穴的存在著称于世，我国古代防水技术的高超在出土的十三陵地下宫殿这里得到了充分的体现。十三陵地下宫殿是刚柔结合、迎水面防水的典范，几百年来，纵然经历了地震、大水等诸多自然灾害，它依旧完好无损，这主要得益于灰土的使用。灰土是我国古代的重要发明，它不仅是地基承重材料，而且防水能力强，还有很大的强度和韧性，难以裂开。十三陵地下宫殿以石作为砌墙材料，以石铺地，所采用的技术同样是在灰泥中加入糯米汁和杨桃藤汁，除此之外，在地下和墙的外面还有厚达1m的灰土层。我国古代有不少大型的蓄水池亦用灰土来进行防水。我们的祖先能够在古代经济和文明条件有限的情况下，创造出如此先进的防水理论和防水技术着实可贵。

2. 近代防水

近代防水的历史是从天然沥青的发现到把它当作防水材料使用开始的，而后的上百年都在使用炼油厂的残渣子——石油沥青为原料制成的油毛毡，即沥青卷材。沥青的水密性和气密性很好，防渗透效果好，自从沥青防水技术问世后，人们开始把坡屋面做成具有一定坡度的平顶，使不能使用的尖顶部分得以减少。在建筑技术上，这是一种非常大的进步。人们采用单一的沥青卷材叠层做法，也就是三毡四油和二毡三油，已经有上百年了，这就造成了单一的沥青卷材一统天下的局面。把沥青加热熔化，然后放入填料制成沥青胶结料（称玛蹄脂），分层把油毛毡铺贴在一起，上铺绿豆砂进行保护，就是所谓的三毡四油叠层的做法，这是一项近代采用的多道防水、实铺法的技术。在我国，把三毡四油叠层技术运用在屋面防水层已有几十年之久，上海、天津、广州等大城市的建筑物在新中国成立前就已经使用这种做法了，而当时国内的大多数建筑仍然采用坡瓦屋面。新中国成立之后，我国开始发展大规模的工业建筑和城市建设，三毡四油或二毡三油技术在平屋面上得到广泛运用，一批油毡生产厂也相继建立并发展起来。与此同时，热沥青和油毡在当时个别的地下建筑那里也被用来防水。

在20世纪50年代末，我国从苏联、波兰引进了用乳化沥青涂料和麻布复合做成防水层的“捷罗克”防水技术。刚性防水技术以“傅振海”水泥砂浆五层抹面为代表，即将五矾（速凝剂）掺入水泥砂浆，以水泥砂浆和水泥浆交替涂抹多层，从而形成水泥砂浆刚性防水层。此外，刚性防水最早也最有效的工艺是傅振海提出的埋管堵漏法，它主要在20世纪50年代北京的十大建筑工程上得到了运用。20世纪70年代后期，为适应“肥梁胖柱重屋顶”改革的需要，我国开发了乳化沥青和再生橡胶改性沥青涂料、氯丁橡胶改性沥青涂料和再生橡胶改性沥青卷材，把热沥青施工工艺发展为冷作工艺，把卷材叠层工艺发展为用涂料与玻纤布复合做成防水层，不仅使屋面重量减轻，还避免了热施工工艺容易造成烫伤、火灾和在高温环境下作业不便的情况，为施工者提供了一个良好的施工环境。所以，在全国得到了广泛的推广和使用，也占领了很大的市场份额。

3. 现代防水

从20世纪80年代初开始，我国进入了现代防水技术时期。改革开放以后，经济建设成为国家工作的中心，此时建筑业蓬勃发展，建筑种类层出不穷，防水技术的提高刻不容缓。推动我国防水技术提高的因素主要有两个，一是各种新型防水材料的开发，二是国外先进的防水材料生产技术与设备的引进。防水技能的进步，适应了时代发展的需要，提升了防水材料的性能，结束了先前单一材料一统天下的局面。

20世纪80年代末，我国从日本引进了挤出型连续硫化的三元乙丙橡胶防水卷材生产线，从意大利引进了宽幅连续挤出压延成型的聚氯乙烯防水卷材生产线和宽幅挤出吹塑成型的高密度聚乙烯土工膜等生产线，使用国产设备建设的年产达到200万 m^2。上述能力的生产线已经具有30余条，已经具备生产三元乙丙橡胶卷材和氯化聚乙烯-橡胶共混卷材、聚氯乙烯卷材、聚乙烯丙纶卷材、增强型氯化聚乙烯卷材、高密度聚乙烯卷材的生产能力。80年代以后，我国又相继从奥地利、意大利、德国、美国和西班牙等国引进的改性沥青防水卷材生产线有15条，采用国产设备建设的年产达到500万 m^2。上述能力的生产线已经具有200余条。而生产的SBS、APP改性沥青防水卷材、自粘改性沥青卷材和沥青瓦等材料在屋面、地下工程、市政工程和交通道路等工程上得到了广泛使用。我国自主研究开发了多种防水涂料，如聚氨酯涂料、丙烯酸酯涂料、硅橡胶涂料、聚合物水泥涂料、改性沥青涂料等。同时配套的密封材料也得到了很大的发展。在这期间，地下工程的混凝土防水体系经历了一系列发展，从最初的骨料级配防水混凝土到普通防水混凝土（富裕砂浆混凝土），后又发展到外加剂、掺和料防水混凝土，这使地下结构混凝土防水问题得到了充分解决。聚合物水泥防水砂浆也发展迅速，使外墙面、室内防水和地下工程背水面防水的难题得以解决。

20 世纪 90 年代以来，建筑业得到了高速发展，为了满足建筑个性化设计和多功能、多形式的设计要求，以及工程的迅速施工等方面的需要，新型防水材料和防水新技术实现了开发与发展。如使潮湿基面施工、热熔施工、自粘贴施工、机械固定焊接施工、复合防水施工等工艺难题得到解决，为解决工程渗漏问题创造了物质条件。

二、防水工程分类

对防水工程进行分类，方式有很多。从防水工程的类型看，可以把它分为五种：建筑防水工程、市政防水工程、道桥防水工程、水利防水工程和矿山防水工程。本书提到的防水工技术，主要涉及的是应用最为广泛的建筑防水工程。

建筑业高速发展

建筑产品中非常重要的一项使用功能便是建筑防水工程。根据其工程部位，建筑防水工程可以分为屋面、地下室、外墙面、室内厨房和卫生间及楼层游泳池、屋顶花园等防水；根据防水材料性能和构造做法可以分为刚性防水、柔性防水以及刚柔结合防水等。

根据防水工程采取的不同措施和手段，建筑防水工程又可以分为两类：材料防水和构造防水。

1. 材料防水

依靠防水材料经过施工形成整体封闭防水层来阻断水的通路，以达到防水的目的或增强抗渗漏水的能力的防水工程就是材料防水。

根据防水材料的不同，可以将材料防水分为两类：柔性防水和刚性防水。柔性防水又可细分为卷材防水和涂膜防水，这两种防水方式主要采用由各种防水卷材和防水涂料组成的柔性防水材料，使其在防水工程的迎水面进行铺贴或涂布作业，来实现防水的目标。刚性防水主要是指混凝土防水，它主要采用的材料有普通细石混凝土、补偿收缩混凝土和块体刚性材料等。混凝土防水之所以具有较好的防水性能，主要依靠的是增强混凝土的密实性及运用良好的构造措施。

2. 构造防水

采取正确、合适的构造形式和构造措施阻断水的通路和防止水侵入室内的防水方法统称为构造防水。构造防水包括对各类接缝，各种部位、构件之间设置的温度缝和变形缝，以及节点细部构造的防水处理。以下是构造防水的一些基本做法：

（1）在采用混凝土防水或块体刚性防水进行平屋面工程施工时，不仅依靠基面坡度进行排水，而且还要把分格缝设置在防水面层，把变形缝设置在所有节点构造部位，用密封材料对所有缝间进行嵌填并铺设柔性防水材料。这种做法的好处是，可以基本避免因为基层结构应力和温度应力使结构层变形出现的裂缝所引起的渗漏问题。

（2）防水处理的另一种形式是大型墙板的板缝采用的空腔防水。空腔防水的构造形式有垂直缝、滴水水平缝和企口平缝等。

（3）为了实现防水目标，需要对地下室变形缝进行防水处理。一般情况下，主要根据水压高低、有无受侵蚀和经受高温的条件，对各种填（嵌）缝材料以及橡胶、塑料、紫铜板和不锈钢板制成的止水带进行选择，进而组成能适应沉降和伸缩的构造。

第二节 建筑防水及技术理论

由科研、设计、材料、施工、维护等共同构成的建筑防水工程领域，对建筑物和构筑物的使用功能与环境质量非常重要。防水材料的发展是防水工程进步的前提，防水材料的优劣是工程质量高低的基础。

近几十年来，为了使建筑工程防水问题得到解决，全国范围内的科研、生产、设计、施工等单位积极引进和开发应用了大批新材料、新工艺、新技术和新设备，在对各种高层建筑工程防水的特点和要求进行综合考虑的基础上，选用拉伸强度较大、延伸率较大、耐老化能力强、对基层伸缩或开裂变形适应能力较强的弹性或弹塑性的新型防水材料，采取防排结合、刚柔并用、复合防水和整体密封做法，并应用冷粘法、热熔法、焊接法和冷热结合法进行满粘、条粘、点粘、空铺或机械固定处理等综合防治的技术措施，获得了较好的效果。

建筑防水是一项系统性的工程，它的材料因素和结构主体、环境条件、固有性能、施工技术、造价等因素息息相关，密不可分。因此，为了正确和合理地选用防水材料，使建筑物和构筑物的防水耐用年限和使用功能有所保障，就必须认真探讨它们之间的内在关联。

一、建筑物分类

建筑物是为人们提供生活、学习、工作、居住以及从事生产和各种文化活动的房屋；构筑物则是间接为人们提供服务的设施，如水塔、桥梁、蓄水池、烟囱、电视转播塔、纪念碑等。

一般根据下面 4 种情况对建筑进行分类：

1. 按用途分类

(1) 民用建筑　供人们工作、学习、生活、居住等类型的建筑。民用建筑可分为两大类：

①居住类建筑。如住宅、单身公寓等。

②公共类建筑。包括办公类建筑、文教类建筑、商业服务类建筑、体育建筑、交通建筑、医疗福利类建筑、邮电建筑、园林建筑、市政设施类建筑及综合性建筑等。

（2）工业建筑　各类生产使用的房屋和为生产服务的附属房屋的建筑，如单层工业厂房、多层工业厂房、仓库等。

（3）农业建筑　各类供农、牧业生产使用的建筑，如种子库房、塑料薄膜大棚、温室等。

2. 按材料分类

（1）砖木结构　主要承重结构是砖墙、柱、木屋架的建筑。

（2）砖石结构　承重墙体或柱是普通砖和料石的建筑。

（3）砖混结构　主要承重结构是砖墙、柱、钢筋混凝土楼板和屋顶的建筑。

（4）钢筋混凝土结构　承重的墙体、柱、梁、楼板、屋顶等主要结构都采用钢筋混凝土的建筑。

（5）钢结构　主要承重构件（如柱、梁等）都采用钢材（型钢）制作的建筑。

钢结构工程

3. 按建筑层数分类

（1）低层建筑　通常是指1~3层的建筑。

（2）多层建筑　通常是指4~6层建筑。

（3）中高层建筑　通常是指7~9层建筑。

（4）高层建筑　不少于10层的居住类建筑和高度大于24m的公共建筑及综合建筑。

（5）超高层建筑　高度大于100m的公共建筑。

4. 按建筑规模和数量分类

（1）大量性建筑　规模较小、建造数量多的建筑，如中小学校、居民楼、医院等。

（2）大型性建筑　规模大、建造数量较少的建筑，如大型体育馆、大型剧院、航空港等。

二、建筑工程渗透途径

毛细孔、孔洞、裂缝、人为设置的分格缝等渗水通道是建筑防水工程渗漏的主要途径。

1. 毛细孔、孔洞的渗透

结构坚固是对每个工程必不可少的要求，砖、砌块和混凝土同属于结构材料的墙体。以钢筋混凝土为主要材料的建筑有屋面、桥梁、地下工程、隧道涵洞和水池。我们都知道，砖和砌块同属于多孔材料，砌筑缝拥有更大的空隙。混凝土固然密实，但是由于是多集料的不均匀体和现场湿作业二次加工的产品，所以在成型期间留下了很多孔隙。混凝土在进行浇筑或静停的时候，会因为粗细颗粒的大小和沉降速率的不同，使骨料的上部发生沉降、出现空隙；粗骨料的表面通常会有水膜形成，等到水分蒸发完之后会出现空隙；混凝土的级配不当，砂浆或水泥浆不能将粗骨料完全裹住产生空隙；混凝土存在泌水现象，在水分蒸发完之后产生空隙；混凝土中的多余水分蒸发完之后形成毛细孔。对于那些初期产生的孔洞而言，在混凝土硬化期间，混凝土中的多余水会蒸发掉，产生的毛细孔会发生收缩压，导致混凝土发生收缩，收缩率为（2~10）$\times10^{-4}$（0.02%~0.1%），在前三个月，混凝土的收缩值通常为30%左右。用于施工的混凝土配合比不准确，沙子和水泥品种选取不当，骨料太粗，水分太多，施工时振捣不密实，外加剂选择不当，养护不足，环境温度过高或过低，结构特征存在异常和配筋不当等都会导致混凝土出现孔、洞和裂缝。特别是在混凝土浇筑的早期，如果有空气进入混凝土当中，就会形成气泡。这些孔、洞、裂缝和气泡都会发展成为渗水的通道。

2. 裂缝渗透

裂缝点或孔连在一起后会形成线或缝，裂缝包括无害裂缝和有害裂缝两类，当混凝土和砂浆基层中裂缝宽度超过 0.2mm 的时候，就会发生水渗透。导致混凝土结构基层或砂浆基层开裂的原因有很多，其中存在一种“抗渗的前提是抗裂”的说法，这从某种角度看是对的。渗水是通过裂缝实现的，这些裂缝包括：混凝土中的多余水分蒸发完之后，产生的毛细孔发生收缩压进而产生的干缩裂缝，特别是早期塑性裂缝；大体积混凝土浇筑时由于内外温差过大而产生的温度裂缝；由于自然界温差的影响而产生的胀缩裂缝；早期强度低却存在不适当受力而产生的变形裂缝；结构在正常受力允许变形的情况下产生的裂缝。就现在来看，能否克服混凝土和砂浆基层中的裂缝还是一个未知数。

3. 接缝渗透

每个工程的结构和防水层都不无限连续，结构或防水层要在一定距离内设置分缝（变形缝、分格缝、后浇带等），要把变形集中在一处进行统一处理，以此来避免各种变形或施工需要，避免或减少在分缝距离内出现裂缝。此外要对采用的每幅卷材进行搭接，以达到施工方便和适应不同部位尺寸的目的。防水的薄弱一环在于这些分缝和搭接缝。分缝是变形集中的部位，是防水工程设计中的一个重要部位，是一个难点，因为它是动态的，会随时间而变化，如果处理不当，就会产生渗漏。防水工程中的另一个难点是卷材的接缝，接缝一般采用胶黏剂黏合，但由于它的工艺复杂，受施工环境和人为因素影响大，所以要达到100%完全可靠似乎不可能，只要有针孔大的漏洞，水就会从中渗入进而造成渗漏。

4. 流窜渗水

防水层下有未和基层全部黏结的空隙，一有渗水点出现在防水层中，水便会渗透到防水层下面，到处流窜而无法控制，当水遇到混凝土或砂浆基层的孔隙、裂缝时，渗漏就发生了。卷材空铺、条铺、点铺在当下的规范中是被允许的。如果能够完全保证卷材没有缺陷，接缝完全严密，不会出现渗漏的情况，采取空铺、条铺和点铺是被允许的，因为这将有利于减少卷材后期收缩应力和延长卷材老化，并且避免卷材被拉裂，然而在实际中，由于技术水平和工艺水平有限，很难保证卷材的完美和接缝的严实，可以说在单层卷材黏结不好的时候，流窜渗水的现象难以避免。

三、建筑工程防水部位

作为确保建筑结构不受水侵蚀的重要工程，防水工程质量高低非常重要，因为它直接关系到建筑物和构筑物的寿命长短，所以要严格遵守相关操作规程，切实保证工程质量。

防水工程根据其部位分为地下防水、屋面防水、外墙防水和卫浴间、厨房防水。

1. 屋面防水

作为房屋最上层起覆盖作用的围护和承重结构，屋顶最主要的功能之一是遮风避雨。根据排水坡度的不同，可以把屋面分为平屋面和坡屋面。通常情况下平屋面的坡度低于10%，以2%~3%最为常见，坡屋面的坡度则低于10%。

在我国建筑史上，人们习惯采用的坡屋面包含双面坡、四面坡等。这种屋面不仅坡度较大，能够自由伸缩，而且排水迅速，防水效果良好。20世纪60年代后，为了使屋面自重得到减轻，工程造价得到减少，屋面预制装配程度得以提高，坡屋面普遍改为钢筋混凝土平屋面，以预制圆孔屋面板和现浇钢筋混凝土屋面板最为常见。

在我国北方的广大地区，建筑屋面的主要功能是解决保温与防水的问题，典型的屋面构造层次有以下几种：

（1）结构基层　以预制圆孔板或现浇钢筋混凝土屋面板最为常见。

（2）隔气层　目的是防止湿气进入保温层，以一层冷底子油或一层油毡最为常见。

（3）保温层　包括现浇和预制装配两类，保温材料的使用以水泥珍珠岩、焦渣、加气混凝土块、聚苯乙烯泡沫塑料板等最为常见。

（4）水泥砂浆找平层

（5）防水层　可以是柔性防水层，如卷材、涂膜等，也可以是刚性防水层，如细石混凝土加柔性嵌缝。

（6）保护层　为防止柔性屋面防水层过早老化，一般采取的措施是在防水层上增加一层保护层，以绿豆砂、水泥方砖、缸砖、浅色涂膜或现浇细石混凝土等最为常用。

20 世纪 80 年代以来，我国工程建设的关键问题是房屋渗漏问题。1991 年，建设部组织了一次关于各个地区 100 个城市竣工房屋（1988—1990 年的竣工房屋）的抽查，结果表明屋面存在着不同程度的渗漏现象。房屋渗漏不仅影响房屋的使用，而且威胁着用户的生命安全，也给国家带来了巨大经济损失。在我国，每年单单用于屋面修缮的石油沥青卷材和石油沥青胶结材就分别达 2.4 亿 m^2 和 27 万 t，而修缮的费用也超过 12 亿元。而在房屋渗漏的治理过程中，因为方法和措施的不当，影响了修缮的效果，造成年年漏、年年修，年年修、年年漏的循环。为了成功解决屋面渗漏问题，国家组织技术人员对屋面渗漏的原因和治理方法等开展研究工作，以期提高屋面渗漏治理的技术水平，改善人们的居住环境和工作环境。

2. 地下工程防水

地下工程防水

因为受到地形条件的影响，地下水难以下降到地下工程底部标高以下的位置。地下工程寿命的长短主要取决于地下工程防水质量的好坏，所以在施工的过程中一定要认真做好防水工作，保证地下防水工程的质量。在地下工程施工之前，一般要提前确定工程的防水施工方案，地下工程的防水施工方案主要包括以下 3 类：

（1）防水混凝土　地下防水施工方案的一种主要形式，它的防水功能是通过提高混凝土结构本身的密实性和抗渗性来实现的，同时它还具有承重、围护及抗渗的能力。

（2）设防水层　就是把防水层应用到建筑物或构筑物的表层，通过阻隔地下水和建筑物的接触来实现防水功能的防水施工方案。水泥砂浆、卷材、沥青胶结材料和金属防水层是防水工程中最为常见的防水层。

（3）排水　它是通过采取渗排水和盲沟排水等一系列的方法措施，将地下水排走以实现排水目的的施工方案。

“防排结合、刚柔并用、多道设防、综合治理”是地下工程防水施工遵循的基本原则，地下工程防水方案的确定不仅要求适应建筑的功能和使用要求，还需要考虑到自然因素和人为因素对工程施工的影响。

3. 外墙防水

清水墙、抹灰面、瓷砖和天然石材的装饰面这些建筑物外墙面，在长时间的风吹日晒中会被风化，出现龟裂和剥落的情况，这时一旦下雨，雨水就会趁机渗入屋内。现代防水工程一般是通过防水憎水乳剂喷刷外墙面来进行防水的。

（1）基层处理　彻底清理基层面上的浮灰和污垢是喷涂或喷刷防水乳剂或憎水乳剂的前提准备。当孔洞和缝隙出现后，要用微膨胀水泥或防水密封胶泥及时将其封堵密实。

（2）喷涂（刷）施工　基层处理首先要依照选用材料的要求展开，随后用喷雾器在需要防水的基面上喷涂或喷刷事先配好的防水剂和憎水剂。

只有由两层以上涂层组成的防水剂和憎水剂才能被用来喷涂或喷刷，喷涂或喷刷的要求严格，要求先水平方向施工后垂直方向交叉施工，如对外墙饰面是瓷砖或天然石材的墙体施工时，喷涂或喷刷要以砖或石材间的接缝为主要对象，并确保防水剂和憎水溶剂能够完全喷涂或喷刷到接缝凹槽处。所以，在对整个饰面进行常规喷涂或喷刷之前，需要事先在接缝处喷涂或喷刷一次。

4. 卫浴间、厨房防水

卫浴间和厨房渗漏是当前一个备受人们关注的住宅工程质量通病。卫浴间和厨房发生渗漏之后，会对上下用户彼此的生活产生重要的影响。再者，由于渗漏维修的难度大、渗漏处的难以发现，维修问题的解决变得愈加困难。渗漏处不易被人发现的主要原因在于水的流动性和渗透性，因为水能够畅通无阻地在楼板中游走。

设计人员可依据工程性质的不同，选择不同档次的防水涂料：

（1）高档防水涂料　如双组分聚氨酯防水涂料。

（2）中档防水涂料　如氯丁胶乳沥青防水涂料、丁苯胶乳防水涂料。

（3）低档防水涂料　如 APP、SBS 橡胶改性沥青基防水涂料。

四、建筑物防水层的性能

1. 防水层应具备抗渗性

不透水是防水层必备的基本性能，同时也是使它成为防水设防的先决条件。防水层之所以能够不透水，关键在于防水层材料本身的致密性、厚度和耐水性。虽然饱受不利因素的影响，但防水层依然保持着不透水的性能，具备着顽强的抗渗能力。

2. 防水层应具备连续性

防水层的连续性是防水能力实现的关键，也是防水层设防的第二个关键因素。遇见竖向阻隔、预埋件穿过、分格缝与变形缝相隔的情况时，一定要保证防水层防水的严密和衔接，确保防水层在应力袭击下依然保持完整。

3. 防水层应具备耐久性

防水层的耐久性就是它的使用年限，这是防水层质量的第三个关键因素。防水层的耐久性具体表现为：即使面对自然老化、饱受侵蚀和外力的袭击，防水层依旧不会因材料性能的降低而失去它的抗渗性。

五、建筑工程防水影响因素

1. 结构形式

建筑结构形式即建筑结构体系，是指构成建筑实体包括基础在内的承重骨架体系。

构成承重结构的材料包括木、砖、石、钢、混凝土和钢筋混凝土等。承重结构有很多施工方式，如预制装配和现场制作。建筑材料对于结构构成必不可少。而实现结构不可缺少的两个步骤是制作和安装。

可以依据结构的空间形态、计算模式和承重机构传力体系对建筑结构进行分类。首先可以根据结构的空间形态将建筑结构分为单层、多层、高层和大跨度结构等，然后可以根据结构的计算模式把建筑结构分成平面结构和空间结构，最后根据承重结构传力体系将其分为水平分体系和竖向分体系。

2. 主体结构的荷载

恒载与活载是根据建筑物上荷载作用的不同而划分的。应用到建筑物上的不可移动的荷载即恒载，如结构本身的重量；应用到建筑物上的可以任意移动的可变荷载即活载，如人的重量。恒载和活载都是给建筑物施加影响的外力。

恒载和活载是设计上不可忽略的两个要素。变形荷载包括温度的变化和地面的运动等，属于间接荷载范围，亦是设计中需要考虑的因素。在平时设计和实施防水工程的过程中一定要对变形荷载进行严格监管。在对防水节点进行设计的工程中，想要达到基层变形的要求，必须考虑到结构变形、温差变形和震动等因素的作用，做好节点构造和防水措施的相关工作。卷材防水工程的施工，不但要考虑当地实际情况和运用材料的变化等因素的影响，而且要选择好适宜的天气，正确应用卷材铺贴工艺。此外，要使卷材铺贴和基层施工保持适当的时间间隔，远离水泥类材料早期收缩的不良影响，尽力避免渗漏的发生。

应当一提的是，在重修屋面防水工程的过程中，不但要对防水方案进行探究，而且应当对结构的安全性和可信度进行仔细的查验。例如，屋面长期渗漏，保温层出现损坏；任意改动屋面原有设计，抑或增加蓄水屋面的蓄水深度；一些积灰严重的工业厂房（如水泥厂、冶金粉末厂等）或积雪较多的地区，且不能定期清扫的屋面。上述情况均会严重破坏屋面结构，进而酿成难以挽回的事故。

3. 气候

施工期的天气包括雨、雪、霜、露、雾和大气湿度等天气情况。

防水层施工期间遇见雨雪天气应当停止施工，以确保防水质量。倘若防水层施工期间有雨、雪，并且存在卷材防水层，那么需要马上采取措施，立即用密封材料将做好的卷材四周密封，令其免遭雨、雪的渗透。当在防水涂料和防水混凝土施工期间遇见雨雪天气时，要立即对防水涂料和混凝土进行掩盖，以此保障涂膜的干燥和混凝土的硬化。

4. 气温

为了保障工程质量，给施工人员提供良好的工作环境，应当把防水材料施工的温度控制在5~35℃。热熔卷材和溶剂型涂料有良好的耐低温性能，在-10℃以上、0℃以下的气温条件下能够正常施工。冷粘型的高聚物改性沥青卷材、合成高分子卷材在0℃以下的气温条件下不适合施工。沥青卷材在0℃以下气温条件下不适合施工。沥青基涂料、高聚物水乳型沥青涂料及刚性防水层等在5℃以下气温条件下不适合施工。有些材料在低温时会因为不易开卷，或不易涂刷，或在硬化过程中易受冻而遭到破坏。所有防水材料在气温超过35℃后都不宜施工，但天气炎热时可选择在夜间施工，值得注意的是，如果后半夜露水较大，那么就不得施工。

5. 湿度

大气湿度达到一定量时，基层的含水率会随着大气湿度的增加而增大，为避免不良后果的出现，一些要求基层含水率较低的防水材料（卷材、涂料等）在大气湿度较大时不得施工，而粉状憎水材料则可以进行施工。

6. 风

防水层在遇到五级大风以上的天气时必须禁止施工，原因有以下五点：尘土和砂粒被大风刮起后会黏附在基层上，造成防水层和基层的分离；涂料和胶黏剂等材料被风吹散，影响涂刷的均匀；卷材被风拉裂，影响施工质量；粉状憎水材料被风刮跑吹散；在风的作用下运输和操作都很危险。

7. 地下水

（1）水位变化　地下水位的变化严重损害着工程建筑，当地下水位上升时，浅基础地基承载力会下降，有地震和砂土液化的地区的液化情况会更加严峻，岩土体也会产生多种不良地质作用，严寒地区会发生地下水冻胀现象。当地下水位在基础底面以下的压缩层内发生上升变化时，水就会浸湿并软化岩土，造成地基土强度的降低、压缩性的增大，而建筑物本身则会大幅度地下沉，从而导致地基严重变形。这种现象的危害在结构不稳定的土质那里得到了充分的体现。

（2）侵蚀性　水对混凝土、可溶性石材、管道以及金属材料的侵蚀和危害是地下水侵蚀性影响的重要表现，集中体现为地下水的侵蚀性和地下水中的化学性质的积极作用对工程的严重破坏。建筑材料预期的使用年限已经在侵蚀中逐渐发生改变。

（3）流沙　流沙的定义是，在饱和的沙性土层中施工，因为地下水的水力状态发生改变，导致土颗粒之间的有效应力变为零，土颗粒会在水中悬浮，并随着水一起流出的现象。流沙的危害表现为：在工程施工过程中致使土体大规模流动，造成地表塌陷，破坏建筑物的地基，导致工程施工的艰难，威胁建筑工程和附近建筑物的稳定。

（4）潜蚀　当地下水渗流水力坡度小于临界水力坡度时，土中的细小颗粒便会被渗流带走，进而破坏地基土的强度，在土下出现空洞，造成地表塌陷，破坏建筑场地的稳定，这种现象即所谓的“潜蚀”。

（5）基坑涌水　基坑涌水现象是一种不容忽视的地下水不良作用。当建筑物基坑下有承压水时，开挖基坑会使基坑底下承压水上部的隔水层厚度减少，减少过多的话会造成承压水的水头压力冲破基坑底板，从而形成涌水现象。涌水将会使基坑被冲毁，地基被破坏，从而影响工程的经济效益。

（6）地面塌陷　频繁过度开采地下水会致使地面下陷，不仅危害工程，还带来不可估量的财产损失。例如，某一工厂工业用水采用的是地下水，因为开采量超大，经常过度抽取地下水，结果致使地面塌陷成了一个很大的漏斗状，还造成周边的建筑开裂、多处地基严重失稳，给人们的安全带来了很大的隐患。这个实例给了我们很大的启示：可以利用地下水，但要把握好度，不然会产生严重的后果。

六、建筑工程防水理论

1. 防排理论

防排结合，是对防水定义的整体表述，排水是防水的重要环节。有史以来，疏导排水成功的事例不乏少数，夏禹治水便是其中之一。所以，防水非常注重“排”的作用，防水设防要把排水放在首位，尽可能地把水排掉，防排结合。通常来讲，坡屋面以排为主，防排结合；而平屋面以防为主，对排水进行充分考虑，做到屋面不积水；室内同样要求以排为主；地下工程、隧道工程和道桥工程也要以先“排”后防为原则。

2. 适应理论（匹配理论）

“适应理论”是针对防水设防提出来的。要求设计要具备针对性，把设防主体的功能要求当作前提，构造设计、材料选择和施工工艺都应当符合主体功能的要求，与主体环境和使用条件相适应；要求防水设计要做到单个进行、不抄袭和别具一格，要匹配和适应。提出“适应就是最好”的，适应设计方案的材料就是最优的材料。

对设防的主体功能要求展开剖析是“适应理论”的首要任务。在对设防主体功能的构造形式、使用要求、所在的工程部位和所处的自然环境、施工过程环境、与相关层次的关系等进行了解的基础上，设计要符合并适应以上所讲的全部条件，与它相匹配，这同样还包括多种防水材料和相关材料的相容性及匹配性。

“适应理论”还强调应该设计相应的构造和选用相匹配的防水材料，以适应不同的施工工艺要求。

“适应理论”还强调考虑动态下的适应性，认为在微观世界中工程随时在运动，而很多的宏观现象也在运动，如温度对工程的热胀冷缩和各种振动的影响，防水材料及相关材料随着时间老化的影响。对于这些动态的变化，在进行设计时必须进行充分的综合考虑。

3. 系统理论（综合理论）

当进行主体工程设计时，防水工程一定要全面斟酌防水系统的设防。建筑结构设计的前提是思索排水和构造防水，利用整体工程特点和要求对防水工程进行系统而全面的设计。防水工程设计不仅要与结构、构造、节能、安全及相关层次匹配、相容、适应和互补，还要适应施工工艺、环境条件、管理维护等方面对整体合理性进行的综合考虑。

4. 可靠性设计理论

可靠性设计理论是针对防水设计提出的，以设计的可靠性为先决条件，认为如果防水设计不可靠，就难以实现防水。所以，无论是设计、选材还是施工都要对可靠性进行探求，对功能性、耐久性和施工误差都要有一定安全系数的储备。为此，一定要优化设计方案和防水材料的选取，对比选择出好的设计方案。

5. 约束理论

约束理论认为提高结构和防水层的整体刚度、减少变形和开裂是避免水渗漏的前提条件，但它没有忽视刚柔结合和约与放的辩证关系。

第三节 防水工职业要求

一、初级工职业要求

1. 基本要求

（1）职业道德　主要是职业道德基本要求和职业守则。

（2）基础知识　主要内容包括识图知识和房屋构造基本知识；常用防水材料知识；常用工具和机械知识；卷材防水施工知识；涂膜防水施工知识；防水工程渗漏防治知识；安全生产知识和有关的法律知识等。

2. 工作要求

初级工的工作要求见表1-1。

表1-1 初级工工作要求

职业功能	工作内容	技能要求	相关知识
工前准备	（一）识图	1. 正确识读建筑的图示和图例 2. 正确识读房屋防水工程构造图 3. 正确识读地下工程构造图	1. 建筑识图知识 2. 建筑施工图、防水节点构造知识
	（二）材料	1. 正确选择所使用的常用防水材料 2. 正确搬运、储存常用防水材料	1. 常用卷材的品种、技术指标、质量要求和用途 2. 常用沥青的名称、性能、质量、标号 3. 常用沥青玛蹄脂的配合比
	（三）工具准备	正确选用常用工具	手工工具的种类和用途
防水施工	（一）防水卷材的施工	1. 按配料单调制沥青玛蹄脂及冷子油和熔沥青 2. 按要求正确铺贴平面、立面的卷材	1. 熔沥青的操作知识 2. 冷底子油的操作工艺 3. 防水施工对基层处理要求的知识 4. 卷材铺贴的顺序、方法和质量要求
	（二）沥青制品的铺筑	1. 涂刷防潮沥青和嵌填伸缩缝 2. 拌制沥青砂、沥青混凝土，并进行铺贴	1. 防潮沥青和嵌填伸缩缝的涂刷方法 2. 沥青砂浆和沥青混凝土的配制方法

（续）

职业功能	工作内容	技能要求	相关知识
检查修补	（一）检查	1. 卷材防水外观质量检查 2. 卷材防水的蓄水、淋水试验	沥青基卷材防水工程质量检查方法
	（二）修补	防水层的修补	沥青基卷材防水的修补知识

二、中级工职业要求

1. 基本要求

同初级工。

2. 工作要求

中级工的工作要求见表1-2。

表1-2　中级工工作要求

职业功能	工作内容	技能要求	相关知识
工前准备	（一）识图	正确识读防水节点图	节点图基本知识
	（二）安全检查	场地设备、工具的安全检查	1. 防水安全操作知识 2. 熬制沥青、运输玛蹄脂及操作安全规定
	（三）材料准备	1. 正确使用防水卷材、防水涂料 2. 正确使用建筑密封材料	1. 防水卷材的技术指标和用途 2. 沥青、玛蹄脂的技术指标和试验知识 3. 合成高分子防水涂料的技术指标知识 4. 改性沥青密封材料技术性能和使用方法 5. 合成高分子密封材料技术性能和使用方法

（续）

职业功能	工作内容	技能要求	相关知识
防水施工	（一）防水卷材施工	1. 常见屋面卷材防水的铺贴 2. 地下工程防水卷材的铺贴	1. 热熔法、冷粘法、自粘法、热熔法铺贴防水卷材的施工程序和方法 2. 节点构造做法及要求 3. 地下防水工程的施工程序和方法 4. 地下防水工程的细部构造做法
	（二）涂料防水施工	1. 沥青类防水涂料的施工操作 2. 高聚物改性沥青类防水涂料的施工操作 3. 合成高分子防水涂料的施工操作	1. 防水涂料的操作工艺顺序和操作要点 2. 防水涂料施工的质量验收标准
	（三）墙面和地面防水施工	墙面和地面的防水施工操作	1. 墙面和地面防水工程的施工程序和方法 2. 防水涂料施工的主流验收标准
	（四）建筑防水施工管理	1. 做好班组管理工作 2. 进行防水工程工料核算	1. 班组管理知识 2. 防水工程工料计算方法

第二章 防水材料

第一节 防水材料概述

建筑防水材料的定义是，能防止地下水、地表水（包括雨水、工业与民用的给排水）、空气中的湿气、蒸汽渗透和渗漏到建筑物或各种构筑物中，并防止一些具有侵蚀性的液体侵蚀建筑物或各种构筑物的材料。防水材料是确保房屋建筑免受雨水、地下水与其他水分渗透的主要部分。防水材料是功能性材料，它在其他工程中如公路桥梁和水利工程等也得到了运用。在建筑工程领域，建筑物的外壳经常会产生许多缝隙，这是由基础的不均匀沉降、结构的变形、建筑材料的热胀冷缩和施工质量较差等因素引起的。衡量建筑防水材料性能优劣的主要符号是建筑防水材料能否适应这些缝隙的位移和变形，保证防水工程是否符合使用要求的重要条件是防水材料的种类和质量。

根据构造方法的不同，可以将防水工程分成结构自防水和防水层防水两大类。通过建筑物构件材料本身的密实性及其某些构造措施（坡度、止水带）来使构件达到防水目的的防水工程是结构自防水。由附加防水材料制成的防水层能够直接用来防水的工程是防水层防水。

根据地理环境的不同，防水工程可分为柔性防水（卷材防水、涂膜防水等）和刚性防水（细石防水混凝土等）。南方地区一般多采用刚性防水，而北方地区一般多采用柔性防水。

防水材料的种类和数量与日俱增，性能也更加丰富。为了方便制定相关的材料标准和工艺标准，易于研究、改进和发展防水材料，通常根据同类材料的共同性能特点对防水材料进行分类。对防水材料进行分类的方法有许多，如根据原料、材性、形态、属性、品种和品名对防水材料进行划分。

一、依据原料划分

根据防水材料所用原料的不同，可将其划分为以下 5 类：

1. 沥青类防水材料

主要有沥青油毡、纸胎沥青油毡、溶剂型和水乳型沥青类或沥青橡胶类涂料、油膏等。这些材料黏结性、塑性、抗水性、防腐性和耐久性良好。它们的主要成分是天然沥青、石油沥青和煤沥青。

2. 橡胶塑料类防水材料

主要有弹性无胎防水卷材、防水薄膜、防水涂料、涂膜材料及油膏、胶泥、止水带等密封材料。这些材料抗拉强度高，弹性和延伸率大，黏结性和抗水性以及耐气候性良好，不仅可以冷用，而且使用年限较长。它们的主要成分是氯丁橡胶、丁基橡胶、三元乙丙橡胶、聚氯乙烯、聚异丁烯和聚氨酯等。

3. 水泥类防水材料

防水剂、加气剂和膨胀剂等外加剂对水泥有促凝密实的作用，能够使泥砂浆和混凝土的憎水性和抗渗性增强；促凝灰浆的主要成分是水泥和硅酸钠，它的主要功用是对地下工程堵漏防水。

4. 金属类防水材料

屋面板材料如薄钢板、镀锌钢板、压型钢板、涂层钢板等可以防水。地下室或地下构筑物的金属防水层就是薄钢板制成的。建筑物变形缝的止水带是由薄铜板、薄铝板和不锈钢板制成的。要对金属防水层的连接处进行焊接，然后涂刷防锈保护漆。

5. 防水密封材料

它是一切具备防水这一特定功能（防止液体侵入，起到水密作用；防止气体、固体侵入，起到气密作用）的密封材料的统称。

二、依据材性划分

防水材料根据其材性分为刚性防水材料、柔性防水材料和粉状防水材料三类。

1. 刚性防水材料

刚性防水材料主要由无机材料（如防水混凝土、防水砂浆、烧结瓦等）组成，特点是具有较高的强度，较低的延伸率，较差的抗裂性，很好的耐高温和耐低温性能，良好的耐穿刺性能和耐久性，性脆，改性后材料具有韧性。

2. 柔性防水材料

柔性防水材料的特点主要包括具有弹塑性，较大的延伸率，有一定的强度或弹性模量，较好的抗裂性，有一定限度的耐高温和耐低温能力，耐久性能在自然条件下下降较快，由于耐穿刺能力弱，所以需要做一定的保护层，如各种卷材、涂料、密封胶、金属板材等。

3. 粉状防水材料

粉状防水材料的特点主要包括粉状材料（如膨润土毯、拒水粉等）与其他材料复合后才能作为防水材料，防水原理是粉体具有憎水性。

三、依据形态划分

根据形态，防水材料主要有防水卷材、防水涂膜、密封防水材料、防水混凝土、防水砂浆、金属板、瓦片、憎水剂、粉状防水材料等。

1. 防水卷材

防水卷材是经延压后涂布成卷的材料，如合成高分子卷材、聚合物改性沥青卷材。

2. 防水涂膜

防水涂膜以液态涂布后成膜的材料为主，如合成高分子涂料、改性沥青材料。

3. 密封防水材料

密封防水材料以膏状或条状密封材料为主，如高分子密封胶。

4. 防水混凝土

防水混凝土是由水泥、砂、石搅拌浇筑，成型硬化后形成的材料。

5. 防水砂浆

防水砂浆是由水泥、砂、外加剂在搅拌、刮涂、抹压硬化后形成的材料，如防水砂浆、干粉砂浆、聚合物砂浆等。

6. 金属板

金属板以钢板、合金、压型板为代表，如压型金属板。

7. 瓦片

瓦片是由黏土、水泥、有机物等烧制、压制而成的材料，如筒瓦、小青瓦、琉璃瓦、平瓦、油毡瓦等。

8. 憎水剂

憎水剂是一种憎水性液体，能在孔壁上喷涂成膜，如有机硅液。

9. 粉状防水材料

粉状防水材料以粉状或糊状，并拥有憎水性的材料为代表，如膨润土毯、防水粉等。

防水材料对防水主体的适应性与其形态密切相关。卷材、涂膜、密封材料较柔软，应依附于坚硬的基面上；金属板既是结构层又是防水层；防水混凝土、防水砂浆、瓦片刚性大，坚硬；憎水剂、渗透剂则使混凝土或砂浆这些多孔（毛细孔）材料具有憎水性能，附属于坚硬的刚性材料上；粉状松散材料遇水溶胀止水或具有憎水性。

四、依据属性划分

根据防水材料自身物理、化学性能及组成特点将其分类（表 2-1），例如反应型涂料和挥发型涂料，由于结膜的机理不同，它们的应用环境各不相同。

表 2-1 防水材料按属性分类

序号	类别	特性	举例
1	橡胶型材	具有橡胶弹性	三元乙丙橡胶卷材、聚氨酯涂料
2	树脂类材料	具有塑性变形特征	PVC 卷材、丙烯酸涂料、JS 涂料
3	反应型涂料	双组分反应结膜	聚氨酯涂料、FJS 涂料
4	挥发型涂料	水、溶剂挥发结膜	丙烯酸涂料、SBS 改性沥青涂料
5	改性型材料	不同材性材料互相改性	涂料、SBS 改性沥青卷材、SBS 改性熔涂料、JS 涂料、FJS 涂料
6	热熔型涂料	加热熔化，降温结膜	SBS 改性热熔涂料

五、依据材料品种划分

目前符合规范的材料品种划分法是将材料性能相同、防水材料形态相同的防水材料归为同一品种。相同品种的材料固然拥有不少共性，但具体性能指标有很大的差别，见表 2-2。

表 2-2 防水材料按品种分类

序号	品种	特性	举例
1	合成高分子卷材	高分子材料压延成卷	三元乙丙橡胶卷材、氯化聚乙烯卷材、PVC 卷材
2	聚合物改性沥青卷材	聚合物改性沥青浸渍、滚压成卷	SBS 改性沥青卷材
3	沥青基卷材	胎体浸渍沥青成卷为油毡	纸胎油毡
4	合成高分子涂料	高分子材料或乳液组合成液料涂布成膜	聚氨酯涂料、丙烯酸涂料

（续）

序号	品种	特性	举例
5	聚合物改性沥青涂料	聚合物改性沥青涂料涂布成膜	氯丁胶改性沥青涂料、PVC 焦油沥青涂料、SBS 改性沥青热熔涂料
6	沥青基涂料	沥青涂料涂布成膜	石灰抹压乳化沥青
7	合成高分子密封涂料	高黏结性、弹性	聚氨酯密封胶、聚硫密封胶
8	聚合物改性沥青密封涂料		SBS 改性沥青密封胶、丁胶改性沥青密封胶
9	防水混凝土	强度高、脆性	各种防水混凝土
10	聚合物水泥涂料	有机与无机材料组合	JS、FJS
11	聚合物水泥砂浆	砂浆中加入各种聚合物胶	干粉防水砂浆、聚合物防水砂浆
12	渗透性材料	渗透砂浆、混凝土毛细孔、堵塞毛细孔	塞柏斯、渗透微晶
13	憎水剂	使毛细孔或物质表面产生憎水现象	有机硅憎水剂
14	金属板	金属板既是结构层又是防水层	铝合金压型板、压型钢板、钛金属板
15	瓦	水泥、黏土制成片状	水泥平瓦、小青瓦、筒瓦
16	粉毯	毯包裹粉制成	膨润土毯

六、按材料品名划分

防水材料按品名的具体分类见表 2-3。

表 2-3　防水材料按品名分类

序号	品名	举例
1	三元乙丙橡胶卷材	硫化型三元乙丙橡胶卷材、非硫化型三元乙丙橡胶卷材
2	氯化聚乙烯卷材	氯化聚乙烯-橡胶共混卷材、氯化聚乙烯卷材、Lyx-603 卷材（增强型氯化聚乙烯卷材）
3	PVC 卷材	PVC 卷材、红泥 PVC 卷材
4	聚乙烯卷材	聚乙烯土工膜、聚乙烯双面丙纶卷材
5	弹性体改性沥青卷材	SBS 改性沥青卷材
6	塑性体改性沥青卷材	APP 改性沥青卷材、APAO 改性沥青卷材
7	自粘卷材	SBS 改性沥青自粘卷材、丁基胶改性沥青自粘卷材
8	聚氨酯涂料	水固化聚氨酯、单组分湿固化聚氨酯、双组分彩色聚氨酯、851 涂料
9	丙烯酸涂料	丙烯酸酯涂料
10	聚合物水泥涂料	JS 涂料、FJS 涂料
11	聚合物防水砂浆	干粉砂浆、聚合物砂浆
12	防水混凝土	减水剂防水混凝土、减缩剂防水混凝土、膨胀剂防水混凝土
13	琉璃瓦	彩色琉璃瓦
14	筒瓦	筒瓦、小平瓦
15	聚氨酯密封胶	聚氨酯密封胶
16	聚硫密封胶	聚硫密封胶

第二节 防水卷材

防水卷材是指在工厂采用特定的生产工艺制成的可卷曲的片状防水材料。防水卷材是一种重要的建筑防水材料，在我国建筑防水工程中得到了广泛的应用。当前的防水卷材类型已由20世纪50年代单一的沥青油毡发展到具有不同物理性能的30多种高、中档新型防水卷材，大大加快了我国防水卷材发展的进程。

常用的防水卷材按照材料的组成不同一般可分为沥青防水卷材、高聚物改性沥青防水卷材和合成高分子防水卷材三大系列。

一、沥青防水卷材

传统石油沥青防水卷材和新型优质氧化沥青防水卷材是沥青防水卷材传统的含义。石油沥青防水卷材的品种一般有石油沥青纸胎油毡、油纸，石油沥青玻璃布胎油毡和石油沥青玻璃纤维油毡等。

1. 石油沥青纸胎油毡

纸胎防水卷材的一种重要类型是石油沥青纸胎油毡（简称油毡），它的制成步骤是：先用低软化点石油沥青浸渍原纸，然后用高软化点石油沥青涂盖油纸两面，最后涂撒隔离材料（石粉或云母片）。

无涂盖层的纯纸胎防水卷材的一种重要类型是石油沥青油纸（简称油纸），它是用低软化点石油沥青浸渍原纸制成的。

粉毡是表面撒石粉做隔离材料的油毡，片毡是撒云母片做隔离材料的油毡。

油纸适用于建筑防潮和包装，也可用于多叠层防水层的下层或刚性防水层的隔离层。

防水卷材

2. 石油沥青玻璃布胎油毡

以无机纤维布为胎体的一种重要沥青防水卷材是石油沥青玻璃布胎油毡，它是通过把石油沥青涂盖材料浸涂玻璃纤维织布的两面，再涂撒隔离材料制成的。其拉伸强度比500号纸胎油毡大，不但具有很强的耐腐蚀性，而且还有良好的柔韧性、耐久性。

地下工程防水、防腐，屋面工程防水和非热力金属管道的防腐保护层一般都会用到玻璃布胎油毡。

3. 石油沥青玻璃纤维油毡

石油沥青玻璃纤维油毡（简称玻纤油毡）是以无纺玻璃纤维薄毡为胎芯，用石油沥青浸涂薄毡两面，表面涂撒或贴隔离材料制成的一种防水卷材。玻璃纤维薄毡的原有成分主要是短切纤维，薄毡性能的好坏与纤维的粗细密切相关。与玻璃布胎油毡相比，玻璃纤维油毡的防水性能显然略胜一筹。

玻璃纤维油毡质地柔软，用于阴阳角部位防水处理，边角服帖，不易翘曲，易于黏结牢固。

4. 新型优质氧化沥青防水卷材

对普通沥青进行氧化使其具备浸涂的能力是制成新型优质氧化沥青防水卷材的首要任务，其后的步骤是以玻璃纤维毡、聚酯毡、黄麻布、玻璃织物、金属箔等为胎体，以砂、页岩片等为覆面材料。作为中、低档防水卷材的一种，新型优质氧化沥青防水卷材成本较低，具有较好的低温柔性、延伸性和耐热度。

二、高聚物改性沥青防水卷材

可卷曲的片状防水材料的一个重要种类是高聚物改性沥青防水卷材，它的胎基包括玻纤毡、聚酯毡、黄麻布、合成膜、金属箔或两种复合材料，它的浸涂材料成分主要有合成高分子聚合物改性沥青和优质氧化沥青，它的覆面材料主要成分是粉状、片状、粒状或薄膜金属箔等。当下以高聚物改性沥青防水卷材为主要使用对象的产品有许多，常见的有以下几种：

1. APP 改性沥青防水卷材

APP 改性沥青防水卷材系以无规聚丙烯（APP）使沥青改性，将沥青包在网状结构中并形成弹性键，最终实现软化温度、硬度和低温柔性提高的目标。APP 改性沥青防水卷材别称塑性体沥青防水卷材，原因在于“塑性”是该类产品的特点。

该卷材具有良好的橡胶质感，加之用优质聚酯或玻璃纤维做基胎，故抗拉强度大，延伸率高，-50℃不龟裂，120℃不变形，150℃不流淌，老化期长。它是实现防水、防潮、防腐的最佳选择材料，在防水、防护工程（如地下室、桥梁、机场跑道）和防腐保护（如金属容器、管道）等领域得到广泛使用。由于这种卷材具有-15～130℃的温度适应范围，耐紫外线能力强，又特别适用于有强烈太阳辐射的地区。

2. APAO 改性沥青防水卷材

高性能防水卷材的一种类别是 APAO 改性沥青防水卷材，它的涂层的主要材料是非晶性烯烃聚合物 APAO 改性沥青，它的基胎是聚酯无纺布。该产品具有良好的耐热、耐寒、耐腐蚀、抗老化、塑性、抗拉强度等特性，因为同时具有防水、黏结、密封的功能，主要是对工业、民用建筑、桥梁、水渠等进行防水和防腐。该产品还具有施工简单、低温施工等特点，是一种用途广泛的防水、防腐材料。

3. SBS 改性沥青防水卷材

制成 SBS 改性沥青防水卷材的过程比较复杂，SBS 改性沥青防水卷材首先以 SBS（苯乙烯-丁二烯-苯乙烯）橡胶改性石油沥青为浸渍涂盖层，其次以聚酯纤维、玻璃纤维无纺毡、黄麻布、有纺玻璃纤维毡等为胎基，然后把细砂、滑石粉或 PE 膜（低压高密度聚乙烯薄膜）均匀地撒布在表层，最后经过选材、配料、共熔、浸渍、复合成型、卷曲等工序加工制成。SBS 改性沥青防水卷材又名弹性体沥青防水卷材，原因在于它的弹性好。

由于这种卷材用热塑性弹性体材料 SBS 与合适的沥青进行高剪切混合，得到一种相容性混合物，这使沥青主体的物理属性改变了很多，它的延长率、弹性和温度适用范围得到了很大的增强和扩大。聚酯胎产品具有很高的拉力、延伸率、耐穿刺能力和耐撕裂能力，在容易造成较大建筑变形和震动的处所得到了广泛应用；玻璃纤维胎卷材不仅成本较低，而且尺寸稳定性好；黄麻布胎、有纺玻璃纤维胎及复合胎卷材也有良好的力学性能。

该卷材不仅适用于一般工业和民用建筑，还被用来进行高级和高层建筑屋面、地下室和卫生间的防水防潮，以及桥梁、停车场、屋顶花园、游泳池、蓄水池、隧道等建筑的防水。由于卷材具有优良的低温柔性和极高的弹性延伸性，经常被用来对严寒地带和结构容易发生变形的建筑物进行防水。

4. 其他

高聚物改性沥青防水卷材还包括聚氯乙烯类防水卷材、氯化聚乙烯类防水卷材、氯磺化聚乙烯防水卷材、氯丁橡胶防水卷材、聚乙烯类防水卷材等。

三、合成高分子防水卷材

片状可卷曲的防水材料的一个重要种类是合成高分子防水卷材，它以合成橡胶、合成树脂或两类共混体系为基料，加入适量的化学助剂和填充料等，经混炼、塑炼、压延或挤出成型、硫化、定型等工序加工制成。当下以合成高分子防水卷材为主要使用对象的产品有许多，常见的有以下几种：

1. 三元乙丙橡胶防水卷材

三元乙丙橡胶防水卷材是以乙烯、丙烯和双环戊二烯三种单体共聚物合成的三元乙丙橡胶为主体，适量添加丁基橡胶、硫化剂、促进剂、软化剂、稳定剂、补强剂和填充剂等成分，经精确配料、密炼、塑炼、过滤、拉片、挤出或压延成型、硫化等工序制成的高强高弹性防水材料。

三元乙丙橡胶防水卷材拥有广阔的适用空间，具备很多良好的特征：耐老化性能好，使用寿命长；弹性和拉伸性能好；耐高温、低温性能好，能在严寒和酷热环境中长期使用。

2. 聚氯乙烯（简称PVC）防水卷材

聚氯乙烯防水卷材是建筑防水材料的一种，它把聚氯乙烯树脂作为重要的成分，之后掺加增塑剂、填充剂、抗氧剂、紫外线吸收剂、其他加工助剂等加工而成。匀质型PVC须达到GB 12952标准P型指标要求，复合型PVC也须达到GB 18173标准P型指标要求。

PVC防水卷材具有以下优点：拉伸强度高；可焊性好，焊缝牢固可靠；良好的水蒸气扩散性；耐化学腐蚀、耐老化性能好；低温柔性和耐热性能好；冷施工，操作方便。

3. 氯化聚乙烯防水卷材

氯化聚乙烯防水卷材是弹塑性防水材料的一种，它是在拥有含氯量为30%～40%的氯化聚乙烯树脂的基础上，掺入适量的化学助剂和填充料，采用塑料或橡胶的加工工艺，经过捏合、塑炼、压延、卷曲、分卷、包装等工序制成的。

氯化聚乙烯防水卷材的优点有以下几点：具有耐候、耐臭氧和耐油、耐化学药品以及阻燃性能；价格较低；冷黏结作业，施工方便，无大气污染。

4. 氯化聚乙烯-橡胶共混防水卷材

氯化聚乙烯-橡胶共混防水卷材是防水卷材的一种，它是在以氯化乙烯树脂和丁苯橡胶为基料的基础上，加入适当软化剂、防老剂、稳定剂、填充剂和硫化剂，经捏合、混炼、过滤、挤出或压延成型、硫化等工序加工制成的。

氯化聚乙烯-橡胶共混防水卷材的优点可以归结为以下几点：强度高、延伸率高、弹性高；耐低温、耐高温、耐水、耐腐蚀、抗老化性能好；黏结效果好。

5. 热塑性聚烯烃防水卷材（TPO）

把乙烯-丙烯橡胶和聚丙烯树脂作为主要成分，应用高超的聚合工艺和特定配方制成的防水卷材即 TPO。

TPO 具有如下特点：能保持长期耐候性；具有高断裂强度、撕裂强度和抗刺穿强度；反射率高；不存在氯化聚合物和氯气，对保护环境和施工的安全有益。

合成高分子防水卷材的外观质量、物理性能应符合表 2-4 和表 2-5 的要求。

表 2-4 合成高分子防水卷材的外观质量要求

项目	外观质量要求
折痕	每卷不超过 2 处，总长度不超过 20mm
杂质	不允许有直径大于 0.5mm 的颗粒，每平方米卷材中含杂质面积不超过 $9mm^2$
胶块	每卷不超过 6 处，每处面积不大于 $4mm^2$
凹痕	每卷不超过 6 处，深度不超过本身厚度的 30%；树脂类深度不超过 5%
每卷卷材的接头	橡胶类每 20m 不超过 1 处，较短的一段不应小于 3 000mm，接头处应加长 150mm；树脂类 20m 长度内不允许有接头

表 2-5 合成高分子防水卷材的物理性能

<table>
<tr><th colspan="2" rowspan="2">项目</th><th colspan="3">性能要求</th></tr>
<tr><th>硫化橡胶类</th><th>非硫化橡胶类</th><th>树脂类</th></tr>
<tr><td colspan="2">断裂拉伸强度/MPa</td><td>≥6</td><td>≥3</td><td>≥10</td></tr>
<tr><td colspan="2">扯断伸长率/%</td><td>≥400</td><td>≥200</td><td>≥200</td></tr>
<tr><td colspan="2">低温弯折温度/℃</td><td>-30</td><td>-20</td><td>-10</td></tr>
<tr><td colspan="2">不透水性/30min</td><td>0. 3MPa
无渗漏</td><td>0. 2MPa
无渗漏</td><td>0. 3MPa
无渗漏</td></tr>
<tr><td rowspan="2">加热伸缩量/mm</td><td>延伸</td><td>≤2</td><td>≤2</td><td>≤2</td></tr>
<tr><td>收缩</td><td>≤4</td><td>≤6</td><td>≤6</td></tr>
<tr><td rowspan="2">热空气老化
（80℃，168h）</td><td>断裂拉伸强度
保持率/%</td><td>≥80</td><td>≥60</td><td>≥80</td></tr>
<tr><td>扯断伸长保
持率/%</td><td>≥70</td><td>≥70</td><td>≥70</td></tr>
</table>

四、防水卷材运输与保管

要根据以下规则储运和保管好防水卷材：

（1）不同品种、标号、规格、等级的产品应分别运输、堆放，以免混淆。

（2）选择在阴凉干燥和通风的地方存贮，使其免受暴晒和潮气，保持温度的适宜，并远离火源和化学介质、有机溶剂。

（3）运输的防水卷材应当直立摆放，高度控制在两层以内，为避免折皱损伤，不得倾斜、横压，短途运输时可平放，但不宜超过四层。

抽检进入现场的防水卷材。对于同一品种、牌号和规格的油毡，抽验的数量为：大于 1 000 卷抽取 5 卷；500～1 000 卷抽取 4 卷；100～499 卷抽取 3 卷；小于 100 卷抽取 2 卷。以规格和外观质量为对象对抽验的卷材进行开卷检验，合格的标准为全部指标达到标准规定。复验中有一项指标不合格，即判定产品外观质量不合格。

第三节　防水涂料

把液体高分子合成材料作为主体，在常温下涂刮在结构物表面形成的薄膜致密物质即防水涂料。该物质具有不透水性、一定的耐候性及延伸性，能起防水和防潮作用。

防水涂膜是由防水涂料固化而成的，由于防水能力较强，经常被用于各种复杂、不规则部位的防水。它大多采用冷施工，不必加热熬制，既减少了环境污染，改善了劳动条件，又方便施工操作，大大推进了施工步伐。此外，涂布的防水涂料既是防水层的主体，又是胶黏剂，因而施工质量容易保证，维修也较简单。遗憾的是，由于防水涂料必须采用刷子或刮板等逐层涂刷（刮），导致防水膜的厚度不一致。因此，防水涂料广泛适用于工业与民用建筑的屋面防水工程、地下室防水工程和地面防潮、防渗等。

一、防水涂料特性

1. 防水性能好

防水层的防水性能良好，原因在于防水层由几层防水涂膜组成，可以在防水涂膜的层间放置聚酯无纺布、化纤无纺布、玻纤网络布等材料形成增强层。

防水涂料

2. 操作便捷

通过刷涂、刮涂、机械喷涂等方法施工，可以促使防水材料施工加快。因为防水涂料在固化前呈黏稠液状，可以在立面、阴阳角及各种复杂表面形成无接缝的连续防水薄膜，因此特别适合于形状复杂的结构基面的涂刷。

3. 减少环境污染，安全性好

防水涂料大多采用冷法施工，不必加热熬制，既改善了劳动条件，确保施工操作人员的安全，又可防治因施工引发的环境污染。

4. 温度适应性良好

能满足高、低温建筑和特殊工程的需要。

5. 易于日常维护与修补

可依据防水层的部位、损坏方式和损坏地点灵活地进行维护和修补，是相较于防水卷材的明显的优势。

二、防水涂料分类

根据液态组分和成分性质的不同，可以对防水涂料进行分类。根据组分不同，防水涂料一般可分为单组分防水涂料和双组分防水涂料两类。

根据液态类型不同，单组分防水涂料分为溶剂型、水乳型两种；双组分防水涂料属于反应型防水涂料。

溶剂型防水涂料中的高分子材料溶解于有机溶剂（一般为二甲苯，改性沥青防水涂料为汽油）中，是以分子形式存在的，呈溶液状涂料。

水乳型防水涂料中的高分子材料是以极微小的颗粒（而不是分子状态）稳定地悬浮（而不是溶解）在水中，呈乳液状涂料。

预聚物液态是反应型防水涂料中的高分子材料在施工固化前呈现出来的形状。一般为双组分，不含溶剂和水。

根据成分性质的不同，通常把防水涂料分成三类：沥青基防水涂料、高聚物改性沥青防水涂料和合成高分子防水涂料。

三、沥青基防水涂料

石油沥青在乳化剂水溶液作用下，经乳化机（搅拌机）强烈搅拌会制成一种冷施工的防水涂料，即乳化沥青。沥青在搅拌机的搅拌下，被分散成 1~6μm 的细小颗粒，并被乳化剂包裹起来形成悬浮在水中的乳化液。乳化液在基层上边涂抹开后会丧失水分，导致沥青颗粒凝聚成膜，最后产生均匀、稳定、黏结强度高的防水层。

乳化沥青按使用乳化剂的不同，可分为洗衣粉（肥皂）类乳化沥青、松香皂类乳化沥青、石灰膏乳化沥青、黏土乳化沥青和橡胶乳化沥青多种。

石灰乳化沥青是一种水性沥青基厚质防水涂料，它是以石油沥青为基料，以灰膏为分散剂，以石棉绒为填充料加工而成的冷沥青悬浮液。20 世纪 50 年代，我国在“捷罗克”的基础上开发研制了石灰乳化沥青，由于生产工艺简单，一般都在施工现场配制使用。

石灰乳化沥青防水涂料具有不少优点：材料来源广，生产工艺简单，成本较低，施工操作安全，便于贮存，可在潮湿的基层上施工，耐候性、耐热性和防水性良好。不足的是，由于石灰乳化沥青防水涂料的涂层延伸率较低，致使它的抗裂能力差，容易因基层变动而开裂，从而导致漏水、渗水。此外，低温下沥青易变脆及单位面积涂料耗用量过大的缺点依然存在。

石灰乳化沥青防水涂料结合嵌缝油膏、胶泥等密封材料可用于工业厂房的屋面防水，也可作为保温材料，如沥青膨胀珍珠岩（由膨胀珍珠岩颗粒的胶黏剂制成）。

四、高聚物改性沥青防水涂料

高聚物改性沥青防水涂料是以沥青为基料，用合成高分子聚合物进行改性配制而成，包括水乳型、溶剂型和热熔型三类。相较于沥青基材料，高聚物改性沥青防水涂料在柔韧性、抗裂性、强度、耐高温和低温性能、使用寿命等方面有了很大的提高。

1. 水乳型改性沥青防水涂料

水乳型改性沥青防水涂料是由化学乳化剂配制的乳化沥青和以氯丁胶乳或其他橡胶为原料的合成胶乳配制而成的，分为氯丁橡胶类涂料、丁基再生橡胶类涂料和丁苯橡胶类涂料等，其中以氯丁橡胶类防水涂料的使用最为广泛。

水乳型改性沥青防水涂料一般采用带盖的铁桶或塑料桶包装，分为 200kg、100kg、50kg 三种规格。生产厂家、产品标记、产品净重、生产日期或生产批号、贮存和运输等注意事项必须在桶体包装上一一注明。其物理性能见表 2-6。

表 2-6　水乳型改性沥青基防水涂料的物理性能

项目	一等品	合格品
外观	搅拌后为黑色或蓝褐色均质液体，搅拌棒上不黏附任何颗粒	搅拌后为黑色或蓝褐色液体，搅拌棒上不黏附明显颗粒
固体含量/%，不小于	43	
无伸性/mm 不小于 无处理 处理后	 6.0 4.5	 4.5 3.5
柔韧性	(-15±1)℃时无裂纹、无断裂	(-10±1)℃时无裂纹、无断裂
耐热性	在（80±2)℃×5h×45°坡度下无流淌、起泡和滑动	
黏结性	在（20±2)℃×2h 下不小于 0.2MPa	
不透水性	0.1MPa×30min 不渗水	
抗冻性	在（20±1)℃与（-20±2)℃循环冻融 20 次无开裂	

2. 溶剂型沥青防水涂料

溶剂型沥青防水涂料是以石油沥青与合成橡胶为基料，用适量的溶剂配以助剂配制而成的。它能够在任何表层形成没有空隙的防水膜，具有一定的防水性、柔韧性和耐久性。此外，因为涂料固化快，在常温及较低温度下能够进行冷施工，故适合于房屋的屋面防水工程以及旧油毡屋面的维修和翻修。

包装溶剂型改性沥青防水涂料时可以选择用 20kg、25kg 和 50kg 规格的带盖铁桶或塑料桶。桶体包装应标明生产厂家、产品标记、产品净重、生产日期或生产批号等，并注明贮存和运输注意事项。

五、合成高分子防水涂料

把合成橡胶或合成树脂作为原料，适量添加活化剂、改性剂、增塑剂及填充料等，能够配制成合成高分子防水涂料。合成高分子防水涂料可分为合成树脂和合成橡胶两大类。

只有聚氨酯、丙烯酸酯和硅橡胶是合成高分子防水涂料中的高档防水材料。下面主要介绍聚氨酯、丙烯酸酯和硅橡胶防水涂料。

1. 聚氨酯防水涂料

聚氨酯防水涂料的主要原材料是聚氨酯树脂。根据品种可以把该涂料分为三类：焦油聚氨酯、纯聚氨酯和石油沥青聚氨酯防水涂料。其中，双组分聚氨酯防水涂料在现场混合搅拌均匀可形成高弹性涂膜防水层，是目前国内用得较多的一种高档防水涂料。

2. 丙烯酸酯防水涂料

溶剂型和水乳型是丙烯酸酯的两种主要类型，其中水乳型的应用范围最广。水乳型丙烯酸酯防水涂料是以纯丙烯酸共聚物、改性丙烯酸或纯丙烯酸乳液为主要成分，加入适量填料、助剂及颜料等配制而成的。水乳型丙烯酸酯防水涂料的优越性主要体现在其耐候性、耐热性和耐紫外线（适用温度-30～80℃）性能上，同时延伸性好，能适应基层一定幅度的开裂变形。

3. 硅橡胶防水涂料

以硅橡胶乳液及其他乳液的复合物为主要基料，掺入无机填料及各种助剂就会制成橡胶防水涂料。该产品分为1号和2号两个品种，均为单组分。1号用于底层及表层，2号用于中间做加强层。

4. 聚合物水泥防水涂料和喷涂聚脲防水涂料

聚合物水泥防水涂料又名JS防水涂料，J即聚合物，S即水泥。聚合物水泥防水涂料是一种用聚丙烯酸酯乳液、乙烯-醋酸乙烯酯共聚乳液等聚合物乳液与各种添加剂组成的有机液料，在与由水泥、石英砂、轻重质碳酸钙等无机填料及各种添加剂所组成的无机粉料进行融合配制后形成的一种双组分水性建筑防水涂料。

一般意义的聚合物水泥防水涂料（JS），其成膜机理是依靠水粉挥发固化的，应用在工程上会有较大的风险。RJS208 成膜机理为聚合反应固化，涂膜固化迅速，在潮湿基面和不通风的条件下依然可以施工，这就完全消除了挥发固化型涂料遇水溶胀和返乳的障碍。

喷涂聚脲防水涂料是由异氰酸酯组分（甲组分）和氨基化合物组分（乙组分）反应生成的一类弹性体涂料，是一种为达到环保目的而研发的新兴无溶剂、无污染的国际产品。它对高水分、高湿度环境的容忍度，深受户外施工者的称道，这使它在世界范围内能够得到普遍运用。

六、防水涂料运输与保管

（1）防水涂料包装容器必须密封；容器表面应有明显标志，标明涂料名称、生产厂名、生产日期和产品有效期。

（2）水乳型涂料运输和保管环境温度以超过 0℃ 为宜。

（3）应干燥、通风、远离火源；仓库内应有消防设施。

（4）保持胎体增强材料运输和保管环境的干燥和通风。

第四节 刚性防水材料

一、刚性防水材料分类

依靠结构构件自身的密实性或采用刚性材料做防水层，以达到建筑物防水目的，被称为刚性防水。

刚性防水技术是以水泥、砂石为基本原材料，掺入少量的外加剂、高分子聚合物等材料，凭借配合比的适当调整，混凝土孔结构的改善，各种原材料界面密实性的增加，或依靠补偿收缩的技术使混凝土抗裂、防渗能力得到提高，最终使混凝土构筑物达到防水要求的技术。

刚性防水技术的优点主要有：针对不同工程结构采取不同策略，提高混凝土工程的密实性和抗裂、防渗能力；防水耐久性好；施工工艺简单，造价较低；易于维修。在土木建筑工程中，刚性防水占相当大的比例。

二、普通防水混凝土

普通防水泥凝土是特殊性能混凝土的一个类别，主要是通过调整配合比来提高自身密实度和抗渗性。它是在普通混凝土的基础上加以改进而发展起来的。在普通混凝土中，支架由石子来充当，石子间的空隙的填充由砂完成，水泥浆则负责填补骨料空隙并将其黏结。而普通防水混凝土中的水泥砂浆，除了起到填充、润滑和黏结作用外，还要求能在粗骨料周围形成一定厚度的、良好的砂浆包裹层，使石子表面的毛细管通道中断，混凝土的密实性得到提高，抗渗性得到提高，它是根据工程所需的抗渗要求而配制的。

防水混凝土

将施工和易性控制在一定条件下，使水灰比尽可能地降低，以此减少毛细管的数量和孔径是普通防水混凝土能够防水的原理。适当提高水泥用量、砂率和灰砂比，在粗骨料周围形成质量良好的和有足够厚度的砂浆包裹层，使粗骨料彼此隔离以阻隔沿粗骨料互相连通的渗水孔网。为了降低骨料离析的孔隙数目，必须采用较小粒径的骨料。要保证原材料、搅拌、运输、浇筑、振捣和养护的施工质量，以防止和减少施工中出现的孔隙。

三、外加剂防水混凝土

为了改善混凝土和易性，提高混凝土的密实性和抗渗性，可以在混凝土拌和物中加入少量的有机物或无机物制成外加剂防水混凝土。国内使用的外加剂主要有引气剂、减水剂、三乙醇早强剂、氯化铁防水剂等有机物，此外还有其他一些无机盐产品。

1. 引气剂防水混凝土

在混凝土拌和物中掺入微量引气剂就可制成引气剂防水混凝土。引气剂是一种具有憎水作用的表面活性物质，能够使混凝土拌和水的表面张力明显下降，搅拌后，封闭、平稳和匀称的细小气泡会大量产生在拌和物里，从而使毛细管变得细小、曲折、分散，减少渗水通道。引气剂的优点还在于增加黏滞性，改善和易性，减少沉降泌水和分层离析，弥补混凝土结构的缺陷，提高混凝土的密实性和抗渗性。

目前，常用的引气剂有松香酸钠和松香热聚物，此外尚有烷基磺酸钠、烷基苯磺酸钠等，以前者采用较多。

2. 减水剂防水混凝土

减水剂防水混凝土是在混凝土拌和物中掺入适量的不同类型减水剂，以提高其抗渗性能为目的的防水混凝土。减水剂可以提高混凝土的和易性。在满足施工和易性的条件下，能够大幅度减少拌合用水量，增强混凝土的密实性和抗渗性。减水剂的种类很多，其中比较成熟的几种减水剂见表 2-7。

表 2-7　用于防水混凝土的几种减水剂

种类	优点	缺点	适用范围
木质素磺酸钙 M	1. 有增塑及引气作用，提高抗渗性能最为显著 2. 有缓凝作用，可推迟水化热峰出现 3. 可减水 10%～15%或增强 10%～20% 4. 价格低廉，货源充足	分散作用不及 NNO、MF、JN 等高效减水剂，温度较低时，强度发展缓慢，需与早强剂复合作用	一般防水工程均可使用，更适用于大坝、大型设备基础等大体积混凝土工程和夏季施工

（续）

种类		优点	缺点	适用范围
多环芳香族磺酸钠	NNO、MF、JN、FDN、UNF	1. 均为高效减水剂，减水12%~20%，增强15%~20% 2. 可显著改善和易性，提高抗渗性 3. MF、JN有引气作用，抗冻性、抗渗性较NNO好 4. JN减水剂在同类减水剂中价格最低，仅为NNO的40%左右	1. 货源少，价格较高 2. 生成气泡较大，需要高频振捣器去除气泡，以保证混凝土质量	防水混凝土工程均可使用，冬季气温低时，使用更为适宜
糖蜜		1. 分散作用及其他性能均同木质素磺酸钙 2. 掺量少，经济效果显著 3. 有缓凝作用	由于可从中提取酒精、丙酮等副产品，因而货源日趋减少	宜于就地取材，配制防水混凝土

3. 其他掺外加剂防水混凝土

依照工程种类的不同要求，可以使用氯化铁防水混凝土、三乙醇胺防水混凝土和膨胀水泥防水混凝土等。

对外加剂防水混凝土所用的外加剂（防水剂），包括化学和物理两个方面的要求。

（1）化学方面的要求　防水混凝土所用的外加剂，在化学方面的要求有以下几个方面：

①加快砂浆凝固和硬化。

②可溶性物质在砂浆的水化反应作用下会发生固化，生成憎水性的物质。

③对混凝土中所配置的钢筋无腐蚀性。

④不会给砂浆的稳定性和持久性带来较大影响。

（2）物理方面的要求　防水混凝土所用的外加剂在物理方面的要求有以下几个方面：

①在水泥凝结硬化期间，能封闭砂浆表面的毛细管。

②会使水泥砂浆中的水滴空隙数量降低。

③能减少干燥收缩，增大伸缩能力，抑制混凝土产生裂缝。

④对砂浆的强度没有影响。

⑤有黏附性。

四、防水砂浆

防水砂浆是刚性防水材料的一种，它主要是通过严格的操作技术或掺入适量的防水剂、高分子聚合物等材料，以提高砂浆的密实性，来达到抗渗防水目的的。水泥砂浆防水层一般又称作刚性防水层。

相较于卷材、金属、混凝土等几种防水材料，防水砂浆防水具备以下优点：具有一定的防水功能，施工操作简便，造价低，容易修补等。但它很难达到防水工程设定的目标，缘由是其韧性差，较脆，极限抗拉强度低，易随基层开裂而开裂。利用高分子聚合物材料制成聚合物改性砂浆来提高材料的抗拉强度和韧性是克服防水砂浆防水局限的一个主要手段。

在国外，掺入水泥砂浆、混凝土中的聚合物品种很多，主要有胶乳、液体树脂、水溶性聚合物等，这些聚合品种在市场上随处可见，它们是防水、防腐、黏结和抗磨的主要材料。

在国内，掺入水及砂浆和混凝土中的聚合物品种主要有氯丁胶乳、天然胶乳、丁苯胶乳、氯偏胶乳、丙烯酸酯乳液以及有机硅乳液等聚合物，在地下工程防渗、防潮、船甲板敷层及某些有特殊气密性要求的工程中它们运用得很成功。

水泥砂浆防水层适用于结构刚度较大，建筑物变形较小，埋置深度不大，在使用时不会因结构沉降，温度、湿度变化以及受震动等产生有害裂缝的地面及地下防水工程。只有聚合物防水砂浆能够应用到长期受冲击荷载和较大振动作用下的防水工程，和处在侵蚀性介质、100℃以上高温环境以及遭受着反复冻融的砖砌工程。

采用防水砂浆做防水层，其基层要求须为混凝土或砖石砌体墙面，混凝土强度等级不应小于C20；砖石结构的砌筑砂浆其强度等级是M7.5或高于M7.5；基层应保持湿润、清洁、平整、坚实、粗糙。

对于其变形缝设置，如果当年平均温差不大于 15℃，一般建筑物的纵向变形缝间距应小于 30m。

通常将常用防水砂浆分为三种：多层抹面水泥砂浆、掺加剂的防水砂浆和膨胀水泥与无收缩性水泥配制的防水砂浆。其中掺外加剂防水砂浆可分为掺无机盐类（氯化钙、氯化铝、氯化铁）防水砂浆、掺微膨胀剂（UEA、FS、AWA 等）补偿收缩水泥砂浆、掺聚合物（有机硅、丙烯酸酯共聚乳液、阳离子氯丁胶乳等）防水砂浆和掺纤维防水砂浆等品种。

防水砂浆按施工方法的不同可以分成两种：一种是利用高压喷枪机械施工的防水砂浆；另一种是大量应用人工抹压的防水砂浆，这种砂浆主要是通过依靠特定的施工工艺要求或在砂浆中掺入某种防水剂来提高水泥砂浆的密实性或改善砂浆的抗裂性来实现防水目标的。

五、水泥基渗透结晶型防水材料

由于该材料具有良好的抗渗性、自愈性、黏结性及易于施工等特性，所以被地下工程、蓄水、贮水构筑物以及水利工程等大力运用。

我国始于 20 世纪 80 年代引进该种材料，最早用于上海宝钢工程及上海地铁工程，我国自主生产始于 90 年代，当下每年生产量达 1.3 万 t，另有一部分代理商经销美国、加拿大、德国及澳大利亚等国产品。该类产品在工业与民用建筑的地下工程、人防地下室、地铁、桥梁路面、饮用水厂、水利等工程的防水中已经得到成功运用。

水泥基渗透结晶型防水材料是以硅酸盐水泥、石英砂等为基材，掺入活性化学物质组成的一种新型刚性防水材料。为了提高抗渗能力，可以将水泥基渗透结晶型防水材料用作涂层或直接掺入混凝土及砂浆中。

水泥基渗透结晶型防水材料包括下面三类产品：

（1）水泥基渗透结晶型防水剂。它是一种掺入混凝土或水泥砂浆内部的粉状材料。

（2）水泥基渗透结晶型防水涂料。它是可以刷涂或喷涂的浆料，经由可以涂覆在水泥砂浆或混凝土表面的一种粉状材料与水拌和调配而成。

（3）速凝、堵漏用的防水材料。该材料具有良好的渗透性、裂缝自愈性、抗渗性及与潮湿基面的黏结性。

防水原理：水泥渗透结晶型防水材料中含有的活性化学物质通过载体向砂浆或混凝土内部渗透，形成的结晶体在水中不会溶化，会充塞毛细孔道并提高其密实度，增强混凝土的防水能力。这种“渗透结晶”“堵塞毛细孔道”的化学、物理反应在整个使用过程中持续进行。在“渗透结晶”的作用下，混凝土、砂浆表面或内部出现的微细裂纹会自动愈合，从而使混凝土和砂浆具备了持续的防水性能。

第五节　密封材料

建筑上所用的密封材料是指填充于建筑物的接缝、裂缝、门窗框、玻璃周边以及管道接头或与其他结构的连接处，可以防止介质透过渗漏通道，并具有水密性、气密性的材料。

一、密封材料分类

建筑密封材料根据材料性能分为弹性密封材料和塑性密封材料；根据使用时的组分分为单组分密封材料和多组分密封材料；根据组成材料分为改性沥青密封材料和合成高分子密封材料。按性状分为不定型密封材料和定型密封材料两大类。具有一定形状和尺寸的密封材料是定型密封材料；溶剂型、乳液型和化学反应型黏稠状的密封材料是不定型密封材料或密封膏。

为保证防水密封的效果，建筑密封材料应具有水密性和气密性，良好的黏结性，良好的耐高温性、耐低温性和耐老化性能，一定的弹塑性和拉伸—压缩循环性能。黏结性能和使用部位是选择密封材料时必须重视的第一要素。密封材料与被粘基层的良好黏结，是保证密封的必要条件，所以，要保证密封材料黏结性，必须充分考虑到被粘基层的材质、表面状态和性质。密封材料的使用要求因建筑物的接缝部位不同而不同，如室外的接缝要求较高的耐候性，而伸缩缝则要求较好的弹塑性和拉伸—压缩循环性能。

二、不定型密封材料

腻子、塑料密封胶、弹性或弹塑性密封胶或嵌缝胶等膏糊状材料统称为不定型密封材料。不定型密封材料主要用于混凝土的接缝部位，包括弹性密封胶和塑性密封胶两大类。

1. 聚硫建筑密封胶

重要组成材料是液态聚硫橡胶的非定型密封材料即聚硫建筑密封胶，它是高档密封材料，由聚硫橡胶和金属过氧化物等硫化剂反应，在常温下形成弹性体。

聚硫建筑密封胶的适用范围极为广泛，它主要用于密封飞机整体油箱，对高速舰艇、水上飞机、各类船舶进行防漏水，密封甲板的嵌缝和船上窗户玻璃；在建筑工程领域的现代幕墙接缝；建筑物护墙板及高层建筑接缝；对窗门框周围进行防水、防尘密封；密封中空玻璃制造中的组合件及安装中空玻璃；对建筑门窗玻璃进行装嵌密封；密封游泳池、贮水槽、公路、机场跑道、上下管道、冷藏库等接缝；安装和密封汽车挡风玻璃等。

2. 硅酮建筑密封胶

将硅橡胶作为原料，添加胶黏剂、填料、助剂等后制成的密封材料是硅酮建筑密封胶。

硅酮建筑密封胶材料适用于各种建筑防水密封等，但不适用于幕墙和中空玻璃的密封。

3. 丙烯酸酯建筑密封胶

把丙烯酸酯乳液作为主要原材料，对甲酯、乙酯、丁酯或醋酸乙烯、丙烯腈等进行配制形成的密封材料称作丙烯酸酯建筑密封胶。

丙烯酸建筑密封胶适用于门、窗框与墙体的接缝密封；钢铝、木窗与玻璃间的密封；还经常用于对刚性屋面伸缩缝、内外墙拼缝、内外墙与屋面接缝、管道与楼层面接缝、混凝土外墙板以及屋面板构件接缝的防水密封。

4. 聚氨酯建筑密封胶

聚氨酯建筑密封胶是以聚氨酯甲酸酯为主要成分的非定型密封材料。它是由含有两个或多个羟基或氨基管能团的化合物与二或多异氰酸酯进行加成聚合反应后制成的。

聚氨酯建筑密封胶适用于土木建筑业、交通运输业等，在建筑方面的具体应用有：对混凝土预制件等建材的连接及施工进行填充和密封，对门窗的木框四周及墙的混凝土之间进行密封嵌缝，黏结和密封建筑物上轻质结构，阳台、游泳池、浴室等设施的防水嵌缝，空调及其他体系连接的嵌缝密封及混凝土、陶质、PVC 等材质的下水道、地下煤气管道、电线电路管道等管道接头处的连接密封，对地铁隧道及其他地下隧道连接处进行密封。

5. 石材用建筑密封胶

中性硅酮密封胶、聚氨酯、聚硫型以及丙烯酸型密封统称为石材用建筑密封胶。石材用建筑密封胶具有不渗油、不粘灰、不污染石材的特性，并能承受水浸、日光及温度交变作用。

6. 混凝土建筑接缝用密封胶

经常运用在混凝土建筑屋面和墙体变形缝密封的密封胶即混凝土建筑接缝用密封胶。混凝土建筑接缝用密封胶材料品种多，除了中性硅酮胶、改性硅酮、聚氨酯和聚硫型，还包括硅化丙烯酸、烯酸丁基型密封胶、改性沥青嵌缝膏等。

对建筑内部接缝密封也可以采用混凝土建筑接缝用密封胶。

7. 聚氯乙烯建筑防水接缝材料

把聚氯乙烯作为原材料，添加改性材料和其他助剂制成的弹性嵌缝密封材料就是聚氯乙烯建筑防水接缝材料。

聚氯乙烯防水接缝材料适用于各种坡度的工业厂房与民用建筑屋面工程，也适用于有硫酸、盐酸、硝酸、氢氧化钠气体腐蚀的屋面工程。

8. 建筑防水沥青嵌缝油膏

把沥青作为原材料、硫化鱼油作为改性材料后，添加松焦油、松节油等溶剂制成的冷用膏状材料即建筑防水沥青嵌缝油膏。它具有施工方便、操作安全、防水效果好等优点，且冬天不脆裂（可抗寒-30℃），夏天不流淌、不滑移（可耐热 80℃），耐久性好、使用寿命长。

根据耐热性、耐低温柔性，油膏分别有 702 和 801 两个标号。

建筑防水沥青嵌缝油膏适用于预制大型屋面板四周、槽形板、多孔板的端头缝和沉降缝的嵌填密封，大板、墙体金属板的嵌缝密封，混凝土跑道、车道、桥梁及各种构筑物的伸缩缝、施工缝、沉降缝的嵌填密封。

三、定型密封材料

依据密封工程的规定，可以将定型密封材料造成带、条、垫形状的密封材料，定型密封材料主要用于处理建筑物或地下构筑物的各种接缝（如伸缩缝、施工缝及变形缝等），主要功能是止水和防水。

1. 止水带

通常将止水带分为三种：塑料止水带、橡胶止水带及复合止水带。其分类、特点与用途见表 2-8。

表 2-8 止水带的分类、特点与用途

种类	特点	用途及注意事项
塑料止水带	由聚氯乙烯树脂加入增塑剂、稳定剂等助剂，经塑炼、造粒、挤出工艺加工而得。原料充足，成本低廉（仅为天然橡胶的 40%～50%），耐久性好，物理力学性能能满足使用要求，可节约橡胶及紫铜片	用于工业与民用建筑的地下防水工程、隧道、涵洞、坝体、溢洪道、沟渠等变形缝防水。由于性能及施工效果较差，目前已较少采用
橡胶止水带	采用天然橡胶或合成橡胶及优质高效配合剂为基料压制而成，具有较好的弹性、耐磨性和耐撕裂性，适应变形能力强，防水性能好，使用范围一般为-40～40℃	适用于地下构筑物、小型水坝、贮水池、游泳池、屋面及其他建筑物和构筑物的变形缝防水。但当温度超过 50℃及受强烈的氧化作用或油类等有机溶剂侵蚀的条件下，不得使用

2. 遇水膨胀橡胶

遇水膨胀橡胶是由水溶性聚氨酯预聚体、丙烯酸钠高分子吸水性树脂等材料与天然橡胶、氯丁橡胶等合成橡胶制成的，它具备一般橡胶防水制品没有的特殊属性——遇水膨胀，遇水膨胀会增强材料的塑性，把混凝土孔隙和裂缝堵住，在膨胀倍率范围内起到以水止水的功能。

制品型与腻子型是遇水膨胀橡胶的两个类型。外力影响会使腻子型遇水膨胀橡胶的外部形态和部分塑性发生改变。制品型遇水膨胀橡胶适用于建筑物的变形缝、施工缝以及金属、混凝土等各类预制件的接缝防水；对于建筑、人防等地下工程的接缝密封与防水，显然采用腻子型遇水膨胀橡胶更为合适。

3. 膨润土橡胶遇水膨胀止水条

膨润土橡胶遇水膨胀止水条为柔软、有一定弹性匀质的条状物，在对各种建筑物、构筑物、隧道、地下工程及水利工程的缝隙的防水上发挥着重要的作用。

4. 丁基橡胶防水密封胶粘带

丁基橡胶防水密封胶粘带是由丁基橡胶与聚异丁烯等主要原料共混而成，参照独特生产配方后，选择进口的优质特种高分子材料，运用特别的工艺生产步骤生产出来的环保型无溶剂密封胶粘材料。

在对各种板材接缝处进行防水气密处理过程中，丁基橡胶防水密封胶粘带得到了广泛的应用：PC 板采光屋面、彩色钢板屋面和各种轻体板材料屋面等；新建工程的屋面防水、地下防水、施工缝的防水处理及高分子防水卷材搭接密封等。此外，丁基橡胶防水密封胶粘带在防水工程中的接口处、收头部位及异型部位异型材料相互粘接的防水气密处理，民用住宅门、窗的气密防水处理，通风管道的气密防水处理以及建筑装饰等方面都有应用。

四、密封材料的运输与贮存

（1）密封材料的贮存条件是：分类贮存，室内贮存，通风条件良好，以低于50℃的温度为宜。水乳型密封材料的贮存环境温度不应低于 0℃。

（2）密封材料的贮存和保管有着严格的要求，应当远离易燃物，避免遭到曝晒或浸水。

（3）密封材料应防止碰撞、挤压，保持包装完好无损。

第六节 沥青材料

由于沥青在防水工程中占据重要地位，防水工人一定要对其功用特点和使用情况进行全面了解。

一、沥青材料特性

沥青是一种有机胶结材料。它由碳氢化合物的复杂混合物组成，富有黏结力，能与砖、石、混凝土、砂浆、木材和金属等材料黏结在一起。除此之外，沥青还具有良好的弹性和塑性，较强的防水能力、抗冷能力、流动能力、渗透能力和溶解能力。

沥青在常温下呈固体、半固体或液体状态，颜色呈辉亮的褐色以至黑色。沥青是沥青基防水材料和高聚物改性沥青防水材料的主要成分，防水、防潮和抗腐蚀能力强。

沥青材料的特性主要为以下几点：

（1）稠度 稠度是指沥青的软硬、稀稠程度。液体用黏滞度表示，半固体或固体状用针入度表示。

①黏滞度的特殊属性体现为它具备清晰地表现沥青材料内部阻碍其相对流动的能力。黏滞度常常以绝对黏度表示。

②针入度系标准针在规定条件下刺入沥青的深度，不仅可以反映沥青抵抗剪切变形能力的强弱，还可以显示其在一定条件下的相对黏度。

（2）黏结力 黏结力是指沥青的黏结能力。沥青的黏结能力较强，薄膜时黏结力更强。

（3）塑性　塑性即柔韧性。沥青膜的塑性会随着温度和沥青膜厚度的变化而变化。通常用延伸度（伸长度）来标记沥青的塑性。

将沥青制成8字形标准试件，在规定温度（25℃）和速度［（5±2）cm/min］下拉伸，沥青延伸度的衡量标准是它在断裂时的延伸长度的大小。

（4）温度稳定性　沥青液化成流动性膏状时的温度即温度稳定性，它是衡量沥青温度敏感性强弱的重要标准，又称耐热性和软化点。软化点越高的沥青，沥青质含量越高，稠度变化幅度较小，温度稳定性高，耐热性好。

我国在对软化点进行测量时经常用到的方法是环球法。就是把甘油和水作为介质来传递热量，使在规定铜环中形成的固体沥青，在标准钢球重力作用下，连同钢球降落一定距离的温度。

（5）大气稳定性　大气稳定性是指沥青在使用时间延长的情况下逐渐产生的抗老化的性能。

测定方法是将沥青置于烘箱中，在160℃下加热5h，待冷却后再测定其重量及针入度。蒸发损失是蒸发重量占原重量的百分数，蒸发后针入度比是蒸发后针入度占原针入度的百分比。蒸发损失百分数越小和蒸发后针入度比越大，则表示大气稳定性好或抗老化作用、耐久性好。

（6）防水性　沥青防水的原理是：沥青具有致密的结构，在水中不会溶解，能够黏附在矿物材料的表层。沥青具有良好的防水性能。

（7）闪点　闪点指沥青开始出现闪光现象的温度。在施工过程中，闪点发挥着重要作用，能够确保温度控制的要求。

二、沥青材料分类

沥青可分为地沥青和焦油沥青两大类。地沥青又分为石油沥青和天然沥青两种。

石油沥青是再加工产品，它产生的前提是从石油原油中提炼出汽油、煤油、润滑油和柴油。它的标号按针入度来划分。建筑防水工程多采用建筑 10 号、30 号的石油沥青和 60 号道路石油沥青或其熔合物。

天然沥青和石油沥青的性质大致相同，不过它是从砂岩中的沥青转化而来的。

焦油沥青俗称柏油，由于毒性较大，现在已很少使用。

地沥青

三、沥青玛蹄脂

将滑石粉、云母粉、石棉粉、粉煤灰等作为填补材料放入沥青中制成的材料即沥青玛蹄脂，又名沥青胶，适用于黏结防水卷材、油地毡及各种墙面砖和地面砖等。根据冷热情况，可将沥青玛蹄脂分为冷沥青胶或冷玛蹄脂、热沥青胶或热玛蹄脂两大类，两者又均有石油沥青胶及煤沥青胶两类。石油沥青胶适用于黏结石油沥青类卷材，煤沥青胶适用于粘贴煤沥青类卷材。

四、冷底子油

较小的油黏度和较强的渗透力使冷底子油能够在基层面上形成坚固的薄膜，使其具有憎水性，并能增强沥青胶与水泥砂浆找平层的黏结力。慢挥发性冷底子油以变干的时间较长（12~48h）而著称，它的主要合成材料是石油沥青、煤油和轻柴油；快挥发性冷底子油因为挥发时间短暂而著称，它的主要合成材料是石油沥青和汽油。冷底子油应现配现用，配制时，要掌握好温度，注意防火安全。

冷底子油的主要功用是在水泥砂浆或混凝土基层及金属表面打底，它可使基层表面与沥青胶、油膏、涂料等中间有一层胶质薄膜，提高胶结性能。石油沥青冷底子油的配制材料是溶剂汽油和煤油，而30 号石油沥青和煤沥青冷底子油的配制材料是快速挥发油溶剂。

沥青冷底子油用于沥青基卷材。

焦油沥青冷底子油用于焦油沥青低温油毡。它是由30%的焦油沥青改性胶结料和70%的粗苯溶液混合配制而成的。

五、沥青材料运输与保管

（1）应对进入施工现场的石油沥青等进行抽样检查，抽样检查项目包括针入度、延度、软化点。必须做到一批石油沥青抽检一次，杜绝不合格产品进入施工领域。

（2）贮运沥青不能把品种和标号混杂在一起，不同品种和标号的沥青要分别存放，切记不能让杂质混入。

（3）桶装沥青应当做到竖立排放，以保证其稳定性。

（4）沥青应存放在阴凉、干净的地方，最好能放在棚内或进行遮盖，防止曝晒和雨淋。

（5）沥青贮存时间要适宜。

第七节　堵漏材料

根据渗漏的位置，建筑渗漏的主要形式分为点、缝和面的渗漏；根据其渗水量的大小又可分为慢渗、快渗、漏水和涌水。选择的堵漏材料必须与工程现场发生的渗漏情况相对应。

一、无机防水堵漏材料

无机防水堵漏材料是水泥及添加剂经一定工艺加工而成的粉状防水堵漏材料。

无机防水漏堵材料分类与标记见表2-9。

表 2-9 无机防水漏堵材料分类与标记

序号	项目	内容
1	分类	产品根据凝结时间和用途分为缓凝型（Ⅰ型）和速凝型（Ⅱ型）：缓凝型（Ⅰ型）主要用于潮湿基层上的防水抗渗；速凝型（Ⅱ型）主要用于渗漏或涌水基体上的防水堵漏
2	标记	标记方法：产品按代号、类别、标准号的顺序标记；标记示例：缓凝型无机防水堵漏材料标记为 FD-Ⅰ GB23440-2009

无机防水堵漏材料在工程建筑如地下室、地沟、地铁、隧道、涵洞、矿井、船舶和房屋等遇到需要紧急堵漏的情况时将会有很大用途。能在迎水、背水堵漏和大面积渗水的施工面上施工，达到快速抗渗堵漏的效果。

二、水泥基灌浆材料

将高强度材料、水泥和高流态、微膨胀、防离析等物质混合配制会制成水泥基灌浆材料。

水泥基灌浆材料产品的应用范围较广，如大型设备和精密设备地脚螺栓与机座二次灌浆，钢结构（如钢轨、钢架、钢柱等）与基础固接的二次灌浆，后张法预应力钢筋灌浆，地下建筑物、隧道、地铁、水利工程、矿井、港口、码头、水池以及建筑物的窗台、墙体、地面等的补强灌浆工程等。

三、聚合物水泥防水砂浆

聚合物水泥防水砂浆包括的材料有水泥、砂和一定量的橡胶胶乳或树脂乳液，以及稳定剂、消泡剂等助剂。它是一类刚性防水材料。

对于各种新旧建筑物和构筑物工程，如地下室、厕浴间、水池和水库，聚合物水泥防水砂浆的主要作用是刚性防水。

第八节 主体功能对防水材料的要求

一、建筑防水功能目标

所谓建筑防水功能目标，是指在合理使用年限内，使建筑物具有水密性，能抵御自然条件、环境条件和使用条件造成的侵蚀现象，在获取经济效益的同时，还能够兼顾环境并保护建筑物。

1. 屋面防水功能目标

（1）全面设防、节点密封，防止雨水通过屋面、墙面、变形缝、天沟等节点进入结构层、保温层和室内，以保证房屋良好的水密功能。

（2）迅速排水，不造成防水层积水，当排水不充分时，也不会导致渗漏。

（3）防水层在经历结构变形、温差变形和外部材料老化之后，依旧具有良好的防水功能。

（4）满足屋面使用要求，满足城市景观要求。

（5）制造过程简单，不会造成环境污染，也不会威胁到人身安全。

2. 地下防水功能目标

（1）全面有效设防，在使用年限内防止地下水侵入室内。

（2）确保介质和结构主体免受地下水不良作用的影响。

（3）适应结构正常变形对防水层的损坏，不会因此产生渗漏。

（4）确保背水面防水的黏结度。

3. 室内防水功能目标

（1）迅速排水，不积水。

（2）确保墙体、楼板或楼下室内免受生产用水、生活废水、污水的渗透。

（3）在合理使用年限内，适应结构允许变形对防水层的损坏，不会因此造成渗漏。

（4）保证防水层和基面黏结的程度，不会对室内环境造成污染。

4. 外墙防水功能目标

（1）在合理使用年限内防止雨水侵入墙体。

（2）在结构和墙体变形损坏防水层的情况下，不会出现渗漏的情况。

（3）与墙体、装饰层黏结牢固，不脱落。

二、建筑结构裂缝控制与防水材料

通常来说，建筑物和构筑物的结构主体同时具有基本的防水功能和主导性的防水作用。材料防水只是加强主体结构防水功能的辅助防水措施。

1. 结构裂缝及形成原因

由混凝土和钢筋共同承担极限状态的承载力是钢筋混凝土结构的含义。结构设计师根据地基情况，静、动荷载，环境因素，结构耐久性等控制荷载裂缝。钢筋混凝土结构出现裂缝的现象普遍存在，长期以来，人们之所以能接受裂缝的存在，关键在于结构的安全性和耐久性有可靠的保障。近十多年来，随着钢筋混凝土结构的长大化和复杂化，以及商品混凝土的大量推广和混凝土强度等级的提高，结构裂缝开始频繁出现在人们的视野里，甚至已经威胁到结构的安全和寿命、地下工程的正常使用。建设部对此十分重视，多次召开学术研讨会，工程界各方专家提出许多技术措施，认为控制裂缝是个系统工程。鉴于工程裂缝的广泛存在，我国及时开发出不少新型的防水材料，建设部提出今后主要开发应用环保型的中、高档防水材料，刚柔结合，全面提高我国防水工程的质量和耐久性。

舆论认为引发工程结构裂缝的因素有很多，但据可靠资料证明，出现裂缝的原因主要有两个：一种由外荷载（如静、动荷载）的直接应力和结构次应力引起的裂缝，其概率约是20%；一种是由于温度变化、膨胀、收缩、徐变和不均匀沉降等因素导致结构变形变化引起的裂缝，其概率约是80%。裂缝的发生与材料、设计、施工和维护有关。只有将结构裂缝的危害控制在人们能够接受的范围内才是科学的做法。

裂缝按其形状分为表面的、贯穿的、纵向的和横向的等。裂缝形状与结构受力状态有直接关系。裂缝可以具体划分为愈合的、闭合的、运动的、稳定的及不稳定的等类型。例如，宽度为0.1～0.2mm的裂缝，开始有些渗漏，水通过裂缝同水泥结合，形成氢氧化钙和C-S-H凝胶，这使裂缝在经过了一段时间后会自动愈合。有的裂缝在压应力作用下闭合了。有的裂缝在周期性温差和周期性反复荷载作用下产生周期性的扩展和闭合，称为裂缝的运动，但这是稳定的运动。还有一些裂缝的扩展不够稳定，针对这种情况，要根据扩展部位的不同采用相应的方法。依据国内外设计的规范和相关试验数据，混凝土最大裂缝宽度的控制标准大致如下：

无侵蚀介质，无防渗要求，0.3～0.4mm。

轻微侵蚀，无防渗要求，0.2～0.3mm。

严重侵蚀，有防渗要求，0.1～0.2mm。

断定裂缝危害程度的标准是：第一要看它对结构安全和寿命是否有害，第二要看它对使用功能（如防水性）的影响。例如，地下和水工工程，小于0.1～0.2mm的裂缝视为无害裂缝，作简单表面封闭即可，如果再做柔性防水层就更保险了。0.3～0.4mm的楼面裂缝不会危害到结构，可视为无害裂缝，可以不作相关处理。对于受力的梁、柱，涉及结构安全，裂缝要妥当处理。

2. 控制建筑物裂缝与防水

变形裂缝虽然不会对承载力产生作用，但是裂缝出现后的防水能力值得探究。调查显示：由裂缝引起的各种不利后果中，渗漏水占60%。水分子的直径约为0.3×10^{-6}mm，可穿过任何肉眼可见的裂缝。在理论层面，裂缝是禁止出现在防水结构物上的，但是实际并不尽然，工程实践表明，裂缝宽0.2mm，开始漏水量5L/h，一年后只有10mL/h，这意味着裂缝能够逐渐进行自愈。简单地说，在裂缝产生之后迅速对其处理并不是一件很难解决的事。

结构防水原理都是通过某种手段去减小混凝土的空隙和毛细孔

缝，以提高混凝土的抗渗性能。但是防水工程的实例告诉了人们，这些防水技术不会解决掉令他们感到头疼的渗水问题，这是由于人们忽视了水泥混凝土收缩的致命弱点。尽管混凝土很密实，然而干燥和冷缩还是会令其出现结构裂缝，丧失防水抗渗能力。

由于地下室和水工构筑物长期处于潮湿状态，温差变化不大，因此最宜用补偿收缩混凝土作结构自防水。防水工程用大量的事实告诉人们，在使用补偿收缩混凝土的情况下，与桩基结合的底板和大体积混凝土底板可不作外防水。但边墙宜做附加防水层。底板和边墙后浇缝之间的最大间距能够达到 60m，同时回填的时间可缩短至 28 天。

混凝土结构浇筑完后，地下室应尽早做柔性防水层和保护层，然后用 3∶7 灰土回填。在北方，为了应对冬季的严寒，人们要提前维护好地上结构，特别是外墙。对于屋面工程，应及时做好防水层和保温层。遇到台风和气温下降时，应当及时关好出入口和通风廊道来预防因环境温差和风速产生的结构的变形裂缝。

第三章 防水施工基本技能

第一节 建筑构造认知

一、建筑物主要构造

1. 基础构造

基础是整个建筑物中不可缺少的一个部件，它在为建筑物承载着来自地面以上的全部压力的同时，也将这些压力连同它自身的重力传递给下面的地基。基础的要求标准很高，不仅要具有适宜的强度、刚度和耐久性，而且技术要合理，并减少材料的浪费，最终实现工程良好的经济效益。

根据基础构造方式的不同，现将其分为独立基础、筏式基础、板式基础、条形基础、箱形基础、桩基础等类型。

通常把室外设计地坪和基础底面之间的垂直距离称为基础的埋深。由于建筑物的坚固性、耐久性、安全使用、工程成本、工期、材料消耗等易在基础埋深大小的作用下发生变化，因此确定基础埋深时需充分考虑到荷载的大小、地基的情况、地下水位的高低以及相邻建筑物的基础埋深等相关因素。

2. 墙体

（1）墙体的作用　墙体的主要作用是承载来自于屋顶、楼板、大梁、自重、风和地震力等方面的压力。根据所起作用的不同，将墙体分为承重外墙和承重内墙两类，其中承重外墙起围护作用，承重内墙起分隔作用。

（2）墙体的承重形式　横墙承重、纵墙承重、纵横墙混合承重和墙与柱混合承重是主要的墙体承重形式，它们一般是按照不同的需求进行设计和确定的。

（3）墙体的细部构造　墙体的细部构造的主要部件有勒脚、窗台、过梁、钢筋混凝土圈梁和构造柱、变形缝、挑檐（或女儿墙），以及烟道、通风道和垃圾道等。

（4）墙体的抗震措施　砖砌房屋墙体通常用圈梁和构造柱来进行抗震。在墙身上设置的水平连续封闭梁即圈梁，它主要用于增强建筑物的整体性和空刚度，应对房屋的不均匀沉降，提高建筑物的抗震性能。

构造柱是一种竖直的构件，与圈梁构成一个骨架，不仅使房屋的刚性和刚度得到了提高，还增强了建筑物的抗震性。

构造柱和墙体合二为一的条件是将墙砌成五进五退的马牙搓，要求退、进各 60mm，同时沿墙高在每隔 500mm（约八皮砖）的地方设置 2 根直径为 6mm 的拉结钢筋，该拉结钢筋每边伸入墙内的长度要高于 1 000mm。虽然单独基础不要求构造柱的存在，但它必须在墙基础中得到使用。

3. 砌体结构的屋顶构造

平屋顶和坡屋顶是砌体结构屋顶的两种主要形式。钢筋混凝土屋面板经常在平屋顶上做防水层使用；把不同的瓦挂在屋架上进行防雨的现象多出现在坡屋顶上。

二、屋面构造层次

1. 结构层

屋面板结构层、找坡层和找平层是屋面结构层的三种形式。

（1）结构层　结构层在屋盖系统中占据重要地位，不仅是因为它承担着来自屋盖上方的全部压力，还因为它的强度和刚度关系着屋盖的安全使用，它的质量关系到防水层和其他层次的质量。通常根据结构设计来确定结构层。在平屋面结构层面，随着装配式结构的淘汰，由现浇钢筋混凝土和装配式钢筋混凝土构成的钢筋混凝土大量兴起。此外，钢空间结构、桁架装配式大型预应力屋面板、预应力多孔板结构等已经为数不多，而木结构也很少被采用了。金属屋面作为一种新型屋面，在大跨度和大型的公共建筑中被普遍用来充当结构板和防水层。大块玻璃板屋面有着很大的发展潜力。由结构板面的刚度和温度收缩变形造成的伸缩是目前结构层对防水层造成的最大难题。刚度大，挠度小，变形就小，防水层受它的拉伸变形也小。工程可以通过增强结构板面刚度、合理设计变形缝和减少屋面荷载来保护防水层。

现浇钢筋混凝土结构在坡结构层屋面得到了广泛应用，但在进行现浇作业时，由于混凝土流动性的不稳定，很难保证混凝土的密实度。

装配式结构板屋面整体性和刚度提高的关键步骤是：用微膨胀细石混凝土填补板缝，或配制钢筋，亦可再浇一层配筋细石混凝土。

（2）找坡层　要想确保屋面能够通畅地排水，不会存在滞水和积水现象，要把屋面做成一定的坡度。在以前，平屋面如果要求室内顶棚水平，就必须而且只能在屋面上垫出坡度。找坡层常用的材料包括炉渣（焦渣）、白灰炉渣、保温材料等，但这些材料因为容重大、吸水率高而被逐渐淘汰，棘手的是目前又没有找到容重小、吸水率低、价格低的找坡材料，这是设计上的一个大难题。如果材料的容重大，就会大大增加屋盖的负荷，造成结构造价的提高；如果材料的吸水率大，一旦在施工期间遇到雨水天气，或施工的用水侵入材料中，上部做了防水层，水不能蒸发掉，当温度上升时，水就会变成气，导致防水层出现鼓泡，进而造成防水层受到拉伸或破坏。找坡层材料的数量大，造价就会提高，从而提出了结构找坡的方案，如果顶棚有吊顶或不要求必须水平，就把结构板做成一定坡度，这种做法不仅省工省料，还能使结构荷载得以减轻，并确保屋面排水的通畅。所以，在设计时必须把结构找坡放在首位。

（3）找平层　找平层的前提条件是结构层的表面不够平坦、光滑。防水层紧紧依靠着找平层，如果找平层出现强度低、刚度不足、表面不够完整、起砂、起皮、蜂窝、麻面、气孔、裂纹、不平整、不干净、不干燥等现象，防水层就会因此遭到损坏而发生渗漏。尽管防水层因为性能不同对找平层的要求不尽相同，但找平层的共性是必须具有一定强度、平整和干净。在防水层施工期间找平层表面起砂、起皮或出现蜂窝、麻面、气孔和裂纹时，确保防水层质量的重要措施是利用聚合物水泥砂浆或聚合物水泥浆对找平层进行涂刮。

2. 防水层

覆盖整个屋面（包括女儿墙压顶）的防水层是屋盖系统的重要组成部分，主要用于结构层和室内的防水，优点是抗渗、耐老化和耐外力损害能力强。防水层在设计使用前必须充分考虑地区气温、屋面形式和防水层的使用功能。

防水层不单单是表面意义上的防水材料，它还可以用来填实结构基层、毛细孔和微细裂纹，并能与基层黏结牢固，克服基层变形的影响，抵御外力的老化和穿刺。防水层的制作通常是根据材料的特点完成的。

正置式屋面的内涵是：把防水层放在保温层上，以保护保温层功能的正常使用。倒置式屋面的内涵是：把吸水率低、闭孔的保温材料放在防水层上，以保护防水层不受损害，并延长防水层的寿命。

天沟、水落口、变形缝、女儿墙、压顶、收头、伸出屋面管道、天窗等细部构造或节点是防水设计最为关键的一环。这些部位在建筑屋面平面复杂多变，变形较多，易出现应力集中现象，容易发生损坏，工程中通常采取适应变形的构造设计和采用防水材料密封、增强附加层来进行相关处理。由于其局部、零星、量小，人们经常会将其忽略掉；因为处理的时候用材的种类多，工序多，时间长，施工的技术要求高，故很难达到规范的标准；另外，存在着的所处部位施工面狭小、基面不易完善的问题使施工难度进一步加大了。因此，必须予以高度重视。

3. 保温隔热层

（1）保温层　绝热是保温和隔热的统称。保温和隔热都对热量传导进行阻绝，不同的是，保温阻止热量向外传导，隔热阻止热量向内传导。在过去，受地域环境影响，南方夏季炎热要求隔热，北方冬季寒冷要求保温。近年来，随着社会进步、经济发展，人们对生活条件的要求越来越高，人工降温和取暖的现象屡见不鲜。在冬季，屋面因为设置了保温层，起到了保温作用；在夏季，通过人工降温实现了隔热。这为人们活动场所的舒适提供了保障。

对于正置式屋面，为了确保保温层质量，可以采用导热系数小、密度合适和吸水率较小的保温材料，并保证保温材料埋在防水层下后不被水侵入。吸水率关系到保温性能，保温材料吸水率的提高将会极大地降低保温性能，含水率每次提高20%，保温性能就会降低一半。

对于倒置式屋面，为了确保保温功能，使防水层避免受热度、紫外线、风雨和冰雪侵害而老化，一定要采用吸水率低的保温材料，把保护层设置在保温层上。

（2）隔气层　对于正置式屋面，为确保保温层的使用功能，应将保温层埋在防水层下，防止雨水的侵入。但如果保温材料是开孔吸水的，就会损坏保温层性能，这是因为室内带有高湿度的空气通过结构板毛细孔渗透到保温层中，形成冷凝水，增大了保温层的含水率。

所以，纬度40°以北，并且室内的空气湿度超过75%，或其他室内的空气湿度常年超过80%的地区应在保温层下设置隔气层。隔气层可以采用沥青涂料、防水卷材等气密性和水密性都好的材料。

4. 保护层

屋面不是上人屋面的情况下，通常是不允许有人上去活动的。但为免受紫外线照射和雨水侵蚀，必须采取措施保护防水层和保温层。根据屋面使用功能的不同，通常将其分为三类：持力层、装饰层和排（蓄）水层。

（1）持力层　持力层屋面广泛应用在人们的生活和娱乐场所。为避免损害防水层和保温层，这种屋面的防水层必须参照地面标准展开设计，选用具有耐穿刺和耐磨性能、强度大的刚性材料，并将一定厚度的细石混凝土和钢筋混凝土层设置在防水层或保温层上。

（2）装饰层　铺砌装饰层的材料有面砖、地砖、大理石、橡胶制品等，主要目的是令使用场地和建筑第五立面美观，美化城市环境。

（3）排（蓄）水层　因为持力层和装饰层主要的使用功能不是防水，因此为了排掉防水层或保温层上的水，必须在持力层下面设置泄水层。对于种植绿化屋面的土层，设置排水层既能及时排除多余水，又可储存部分水供植物吸收。

第二节　防水施工基本识图

图纸是现代工程建设不可缺少的因素。通常将建筑工程施工图分为两类：建筑施工图与结构施工图。建筑施工图说明房屋各层平面布置，立面、剖面形式，建筑各部结构和结构详图。结构施工图说明房屋的结构构造类型、构造平面布置、构件尺寸、材料和施工要求等。

建筑工程施工图是建筑工程的灵魂，指挥着施工过程的每一个细节和任务。施工人员只有熟悉工程图纸，了解设计意图，掌握工程的重点和难点，合理安排施工顺序，才能保证按时按质、高效有序地完成施工任务。建筑工程施工图是每个建筑工人必须熟知的图纸。建筑工程施工图涉及的专业技术知识较广，本书仅对涉及防水施工的这一部分施工图的识读进行介绍。

一、图纸

1. 图幅与图框

（1）图幅　图纸管理规范的主要措施是保证所有设计图纸的幅面符合国际标准，见表 3-1。

表 3-1　幅面及图框尺寸

尺寸代号	幅面及图框尺寸				
	A0	A1	A2	A3	A4
b×l	841×1189	594×841	420×594	297×420	210×297
c	10			5	
a	25				

（2）图框　图框即图纸的边框，用粗实线绘制。图纸幅面可以横式使用，也可以立式使用。横式使用时通常采用 A0～A3 幅面的图纸，立式使用时通常采用 A4 图纸。

（3）标题栏、会签栏　标题栏是说明设计单位、工程名称、图名、图号等的标志。它画在图框线内图幅的右下角。

会签栏的尺寸是 75mm×20mm，主要供图纸会签时使用，会签人员所代表的专业、姓名和日期必须在栏内填写。

2. 图线

在建筑工程图中，为了分清主次，绘图时必须采用不同线型和不同线宽的图线。表 3-2 是工程图中常用的图线。

3. 比例、符号、尺寸标注、标高

（1）比例　比例的定义是，所绘制图样的大小与实物的大小之比。施工图就是按一定比例绘成的建筑物或部件图。比例一定要用阿拉伯数字表示，如 1∶50、1∶100 分别表示图上 1mm 代表实物 50mm 和 100mm。一张工程图纸只用一个比例时，要在标题栏内标注比例；如果一张图纸内有多个比例，那么每个图样下都要标注比例。

表 3-2 图线

名称		线型	线宽	一般用途
实线	粗	——	b	螺栓、主钢筋线、结构平面图中的单线结构构件线、钢木支撑及系杆线，图名下横线、剖切线
	中	——	0. 5b	结构平面图及详图中剖到或可见的墙身轮廓线、基础轮廓线、钢及木结构轮廓线、箍筋线、板钢筋线
	细	——	0. 25b	可见的钢筋混凝土构件的轮廓线、尺寸线、标注引出线，标高符号，索引符号
虚线	粗	-------	b	不可见的钢筋、螺栓线，结构平面图中不可见的单线结构构件线及钢、木支撑线
	中	-------	0. 5b	结构平面图中的不可见构件、墙身轮廓线及钢、木构件轮廓线
	细	-------	0. 25b	基础平面图中的管沟轮廓线、不可见的钢筋混凝土构件轮廓线
单点长画线	粗	—·—	b	柱间支撑、垂直支撑、设备基础轴线图中的中心线
	细	—·—	0. 25b	定位轴线、对称线、中心线
双点长画线	粗	—\/—	b	预应力钢筋线
	细	～～	0. 25b	原有结构轮廓线
折断线			0. 25b	断开界线
波浪线			0. 25b	断开界线

（2）符号　索引符号和详图符号均属于图样内符号。

①索引符号。施工图某一局部或构件如需另画详图，应用索引符号表示。

②详图符号。施工图左图表示该详图与被索引图样在同一张图纸；右图表示详图与被索引图样没有在同一张图纸。索引符号和详图符号如图 3-1 所示。

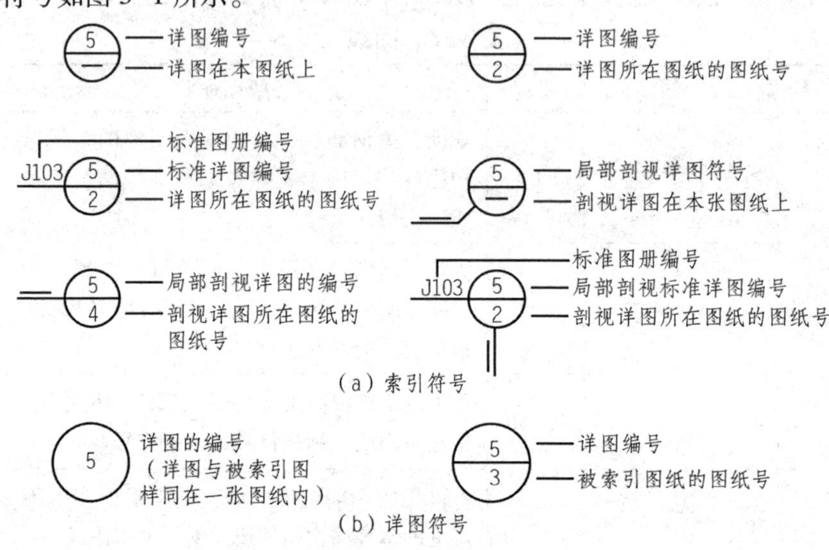

图 3-1 索引符号和详图符号

③引出线、剖切符号、对称符号。需用文字或详图对建筑物的某些部位进行特别标示时，用引出线从该部位引出并加说明。为了解建筑物内部的组成情况，可用一个假想的平面将建筑物切开，用剖切符号在切开处进行表示。当构配件是对称图形时，绘图时仅画出对称图形的一半的符号即对称符号。引出线、剖切符号和对称符号如图 3-2 所示。

④连接符号、指北针、风向频率玫瑰图。连接符号经常用于连接绘制一个构配件的几个平面图。指北针的用途是表示建筑物的朝向，通常绘在总平面图和首层平面图上。风向频率玫瑰图（简称风玫瑰图）可以显示该地区常年风向的频率，风向是从外面吹向该地区中心的。北京地区和上海地区的风玫瑰图，连接符号、指北针和风向频率玫瑰图如图 3-3 所示。

（3）尺寸标注　尺寸界线、尺寸线、尺寸起始符号和尺寸数字是尺寸标注的四个要素。45°短斜线代表尺寸起始符号。尺寸数字写

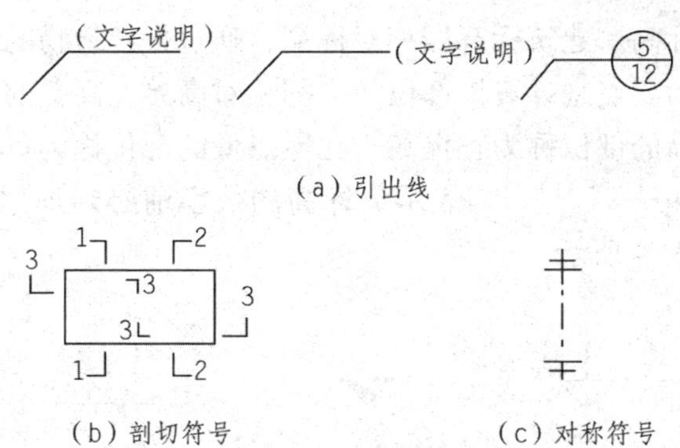

图 3-2 引出线、剖切符号和对称符号

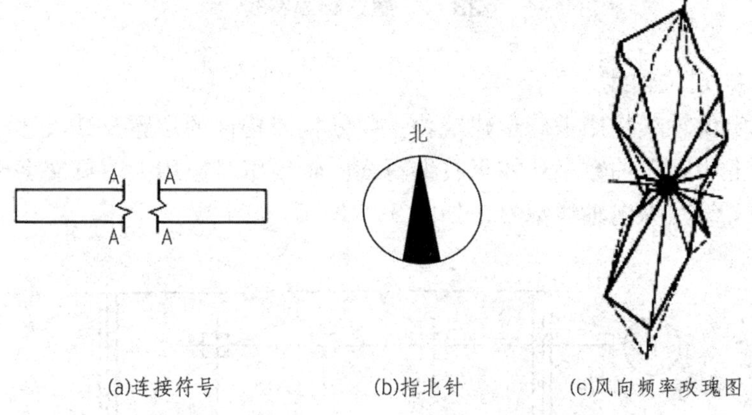

图 3-3 连接符号、指北针和风向频率玫瑰图

在尺寸起始符号之间，它的作用是表示这一段尺寸的大小。施工图上的尺寸数字，标高一定要以 m 为单位标注，其余的全部以 mm 为单位标注。

（4）标高 标高的定义是，在施工图上标明的某一部分的高度。标高分为：

①绝对标高。是以平均海平面作为大地水准面，将其高程作为零点（我国以青岛黄海平面为基准），计算地面地物高度的基准点。绝对标高的定义是，地面地物与基准点的高度差。黑色三角形代表着总平面图上的室外绝对标高，如 V35.30 表示该处的绝对标高为 35.30m。

②相对标高。建筑标高即相对标高，通过把建筑物的首层室内地面的高度作为零点来计算该部位与它的相对高差。高差的多少称为标高。比零点高的部位称为正标高，比零点低的部位称为负标高。正标高前不需要加“+”号，但表示负标高的数字前必须加“-”号。标高符号如图 3-4 所示。

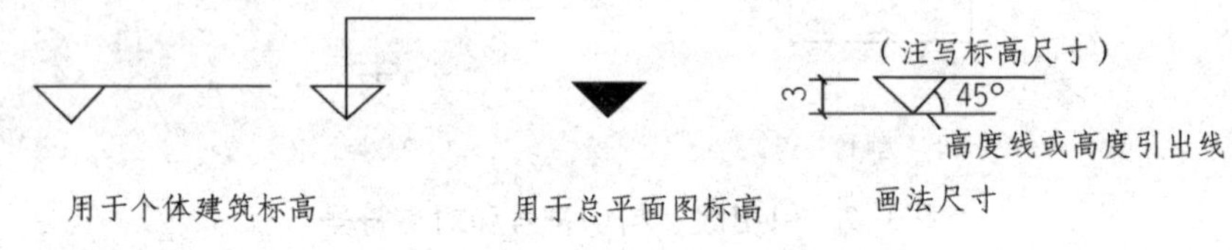

图3-4　建筑标高符号

4. 定位轴线

定位轴线是用来确定建筑物主要结构或构件的位置及其尺寸。平面图上用阿拉伯数字从左至右编写横向轴线编号，用大写英文字母从下而上编写纵向轴线编号，如图 3-5 所示。

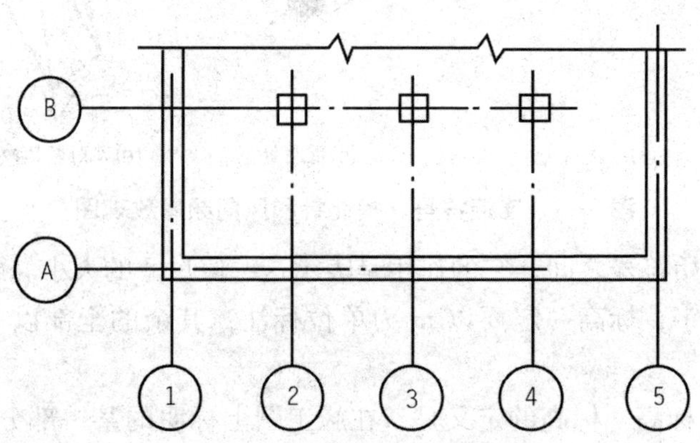

图 3-5　定位轴线的编号顺序

5. 图例

在建筑施工图纸上，用图形来表示特定含义的符号即图例。常用建筑材料图例见表 3-3，部分构造及配件图例见表 3-4，常用构件代号见表 3-5。

表3-3 常用建筑材料图例

序号	名称	图例	序号	名称	图例
1	自然土壤		15	纤维材料	
2	夯实土壤		16	泡沫塑料材料	
3	砂、灰土		17	木料	
4	砂砾石、碎砖三合土				
5	石材		18	石膏板	
6	毛石		19	金属	
7	普通砖		20	网状材料	
8	耐火砖		21	液体	
9	空心砖		22	玻璃	
10	饰面砖				
11	焦渣、矿渣		23	橡胶	
12	混凝土		24	塑料	
13	钢筋混凝土		25	防水材料	
14	多孔材料		26	粉刷	

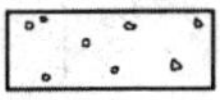

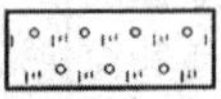

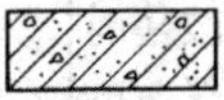

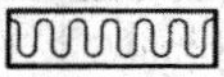

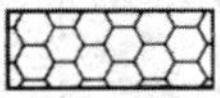

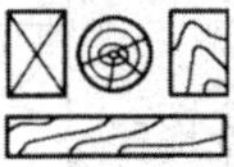

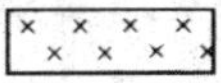

表3-4 部分构造及配件图例

序号	名称	图例	序号	名称	图例
1	墙体		9	墙预留洞	宽×高或ϕ 底(顶或中心) 标高××.×××
2	隔断				
3	栏杆				
4	楼梯	上 下 上 下	10	墙预留槽	宽×高×深或ϕ 底(顶或中心) 标高××.×××
			11	烟道	
5	坡道	下 下 下	12	通风道	
			13	新建的墙和窗	
6	平面高差	××	14	改建时保留的原有墙和窗	
7	检查孔				
8	孔洞				

（续）

序号	名称	图 例	序号	名称	图 例
15	单扇门（包括平开或单面弹簧）		21	转门	
16	双扇门（包括平开或单面弹簧）		22	自动门	
17	对开折叠门		23	折叠上翻门	
18	推拉门		24	单层外开平开窗	
19	单扇双面弹簧门		25	单层内开平开窗	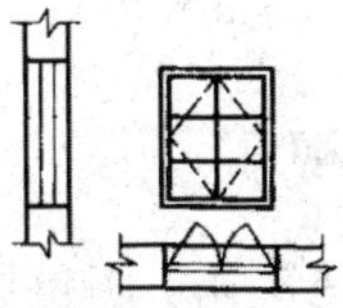
20	双扇双面弹簧门		26	双层内外开平开窗	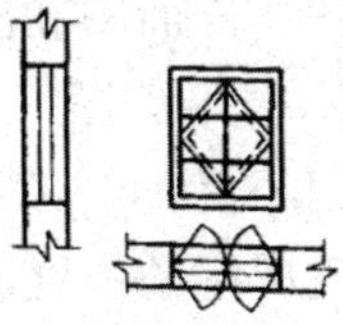

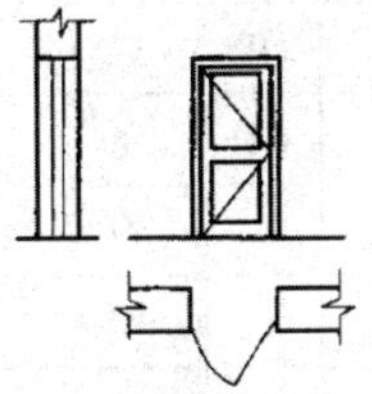

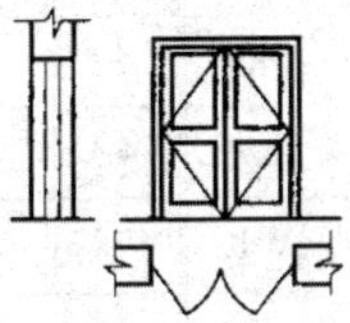

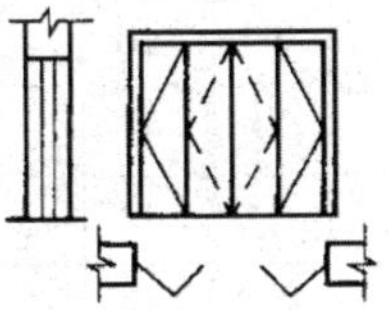

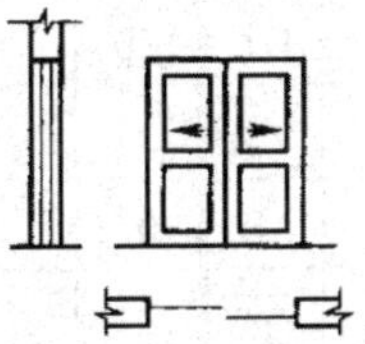

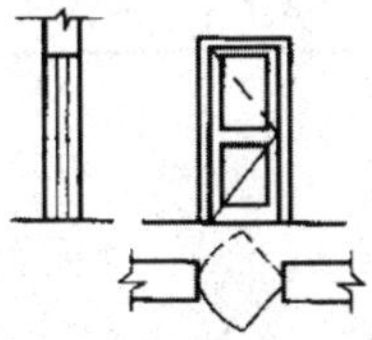

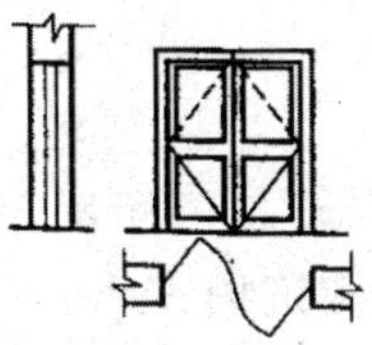

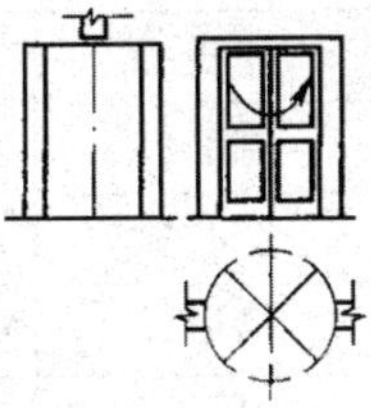

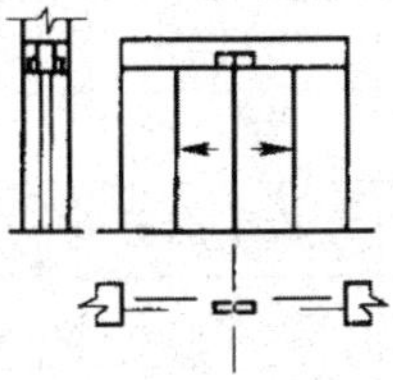

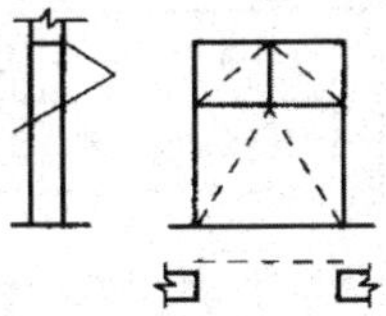

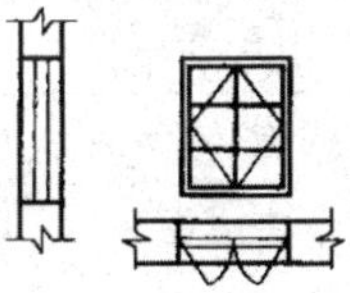

表 3-5 常用构件代号

序号	名称	代号	序号	名称	代号	序号	名称	代号
1	板	B	19	圈梁	QL	37	承台	CT
2	屋面板	WB	20	过梁	GL	38	设备基础	SJ
3	空心板	KB	21	连系梁	LL	39	桩	ZH
4	槽形板	CB	22	基础梁	JL	40	挡土墙	DQ
5	折板	ZB	23	楼梯梁	TL	41	地沟	DG
6	密助板	MB	24	框架梁	KL	42	柱间支撑	ZC
7	楼梯板	TB	25	框支梁	KZL	43	垂直支撑	CC
8	盖板或沟盖板	GB	26	屋面框架梁	WKL	44	水平支撑	SC
9	挡雨板或檐口板	YB	27	檩条	LT	45	梯	T
10	吊车安全走道板	DB	28	屋架	WJ	46	雨篷	YP
11	墙板	QB	29	托架	TJ	47	阳台	YT
12	天沟板	TGB	30	天窗架	CJ	48	梁垫	LD
13	梁	L	31	框架	KJ	49	预埋件	M
14	屋面梁	WL	32	刚架	GJ	50	天窗端壁	TD
15	吊车梁	DL	33	支架	ZJ	51	钢筋网	W
16	单轨吊车梁	DDL	34	柱	Z	52	钢筋骨架	G
17	轨道连接	DGL	35	框架柱	KZ	53	基础	J
18	车挡	CD	36	构造柱	GZ	54	暗柱	AZ

二、视图

建筑施工图包括基本图和详图两部分，其中基本图分总平面图、平面图、立面图和剖面图等。

1. 总平面图

（1）用途 总平面图表明一个工程的总体布局，主要表示原有和新建房屋的位置、标高、道路布置、构筑物、地形、地貌等。新建房屋定位施工放线、土方施工以及总平面布置就是根据总平面图的设计来完成的。

（2）基本内容

①表明新建区的总体布局，如用地范围、各建筑及构筑物的位置、道路和管网的布置等。

②确定建筑物的平面位置。

③表明建筑物的首层地面和室外地坪道路的绝对标高。

④用指北针显示房屋朝向。

⑤水、电、暖等管线总平面，各种管线综合布置图、竖向设计图、道路纵横剖面图以及绿化布置图等。

2. 平面图

（1）用途　平面图主要适用于放线、砌墙、门窗的安装、对室内装修和编制作出预算、备料等方面。

（2）基本内容

①表明建筑物形状、内部的布置及朝向。

②表明建筑的尺寸，轴线和尺寸线用来表示各部分的长度尺寸和准确位置。

③表明建筑物的结构形式及主要建筑材料。

④表明各层的地面标高，首层室内地面标高通常是±0. 000。

⑤表明门窗及其过梁的编号、门的开启方向。

⑥表明室内装修的做法。

⑦文字说明。

3. 立面图

（1）用途　用来表现建筑物的外貌，适用于室外装修。

（2）基本内容

①表明建筑物外形、门窗、台阶、雨篷、阳台、烟囱、雨水管等的位置。

②表明建筑物的高度时以标高标出。

③表明建筑外墙饰面所用材料及做法。

4. 剖面图

（1）用途　用来注明建筑物的结构形式、高度和内部分层的状况。

（2）基本内容

①表明建筑物各部分的高度。

②表明建筑物主要承重构件之间的相互关联。

③剖面图中不能表达的地方，有时引出索引号另画详图表示。

上述图纸均属于建筑施工的基本图纸。

5. 结构施工图

（1）用途　表示结构设计内容和各工种对结构的要求，是安排施工计划的依据，主要用作放线、刨槽、支模板、绑钢筋、浇灌混凝土和安装梁、板、柱，编制预算。

（2）钢筋与结构图的内容

①结构布置平面图，它表示承重构件的布置、类型和数量或钢筋配置。

②构件详图可以具体分为配筋图、模板图、预埋件详图及材料用量表等。

三、图纸举例

1. 建筑施工图

阅读图纸，首先要对全套图纸进行大致的浏览，然后根据建筑施工图、结构施工图和设备施工图的顺序进行阅读，其后看建筑施工图的基本图——总平面图，了解该房屋所在位置及其周围的环境情况，最后再看平、立、剖面图及详图。

（1）平面图　应注意下列几点：

①查明标题，了解工程性质、方位、方向。

②清楚了解建筑物形状。

③查看地面及楼层标高，一般注有相对标高，以底层室内地坪定为±0.000，以米为单位标注至小数点后三位。

④查明定位轴线，了解墙和柱等承重构件的位置，水平方向用阿

拉伯数字 1、2、3、4 等注写，垂直方向用汉语拼音字母 A、B、C、D 等注写。

⑤查看建筑物各部尺寸，从尺寸中可以知道建筑物的总长度、总高度、总建筑面积等，用 mm 注写。

⑥查看门窗的位置及编号开启的方向，M 代表门，C 代表窗。

（2）立面图　应注意以下几点：

①查看墙面的装修材料与做法。

②了解房屋各部分标高。

2. 结构施工图

构件名称的汉语拼音第一个字母是结构施工图中常用构件的代号。

配筋图：构件配筋图主要表示构件内部的钢筋配置、形状、数量和规格。

四、读图的顺序及要领

1. 读图的顺序

由外向里看，由大到小看，由粗到细看，图样与说明对照看，建筑施工图与结构施工图对照看是读图时必须遵循的原则。

拿到图纸后，先将目录看一遍，对工程性质、建筑面积、设计单位、图纸的总张数等基本情况进行大致的了解，然后按照目录检查各类图纸是否齐全。

读图时，首先要仔细阅读总说明，对建筑概况、技术要求等，以及图面表达不清用文字补充说明的一些问题进行大致的了解，然后阅图。阅图通常根据目录顺序进行，由总平面图→建筑平面图→建筑立面图及剖面图→结构施工图，依次看下去。

2. 读图的要领

“四先四后”是读图时必须掌握的要领，具体内容如下：

（1）先建筑后结构　先看建筑图，然后将建筑图与结构图对照看，核对轴线、标高、尺寸是否一致。

（2）先粗后细 先看平面图、立面图和剖面图，大致了解整个工程情况和一些基本信息，如工程总长度、轴线尺寸和标高；后看细部做法，核对总尺寸与细部尺寸、位置、标高是否相符，各种表中的规格、数据与图中相应的规格、数据是否一致。

（3）先小后大 在看细部做法的时候，先看小样后看大样；然后核对平面、立面和剖面图中标准的细部做法与大样图中的编号、尺寸、做法、形式是否相符，大样图是否齐全，所采用的标准构配件图集编号、类型与本设计是否相符；最后仔细查看是否有遗漏的地方。

（4）先一般后特殊 先看一般的部位和要求，后看特殊的部位和要求。

第三节 防水施工工具的使用

一、常用防水施工机具

1. 常用工具

（1）平铲 又称腻子刀，包括软、硬两种，软性小平铲是配制弹性密封膏的工具，硬性小平铲是清理基层的工具。小平铲的规格：刃口宽度有 25mm、35mm、45mm、50mm、65mm、75mm、90mm 及 100mm 八种；刃口厚度有 0.4mm（软性）和 0.6mm（硬性）两种。

（2）扫帚 用途是清扫基层，其规格与一般日用的一样。

（3）拖布 用于清除基层灰尘，其规格同一般日用的。

（4）钢丝刷 用途是把基层灰浆杂物清除掉，其规格为普通型。

（5）皮老虎 又名皮风箱，用于清除接缝内的灰尘。规格用宽度来表示，有 200mm、250mm、300mm 及 350mm 四种。

（6）铁桶、塑料桶 用途是装溶剂和涂料，其规格为普通型。

（7）嵌填工具　用于嵌填衬垫材料，其规格为竹或木制，按缝深自制。

（8）辊　用途是在卷材施工时压边，其规格为 ϕ40mm×100mm，钢制。

（9）各种涂料刷

油漆刷：用途是涂刷涂料，其规格用宽度表示，有 13mm、19mm、25mm、38mm、50mm、63mm、75mm、68mm、100mm、125mm 及 150mm 几种。

滚动刷：用途是涂刷涂料、胶黏剂等，其规格为 600mm×250mm、460mm×125mm。

长把刷：用途是涂刷涂料，其规格为 200mm×400mm，把的长度自定。

（10）磅秤　用途是计量，最大的称量值是 50kg；承重板长×宽为 400mm×300mm；刻度值最小是 0.05kg，最大是 5kg；砣的规格及数目有 20kg/1 个、10kg/2 个、5kg/1 个三种。

（11）各类刮板

胶皮刮板：用途是刮混合料，其规格为 100mm×200mm，自制。

铁皮刮板：用途是在复杂部位刮混合料，其规格为 100mm×200mm，自制。

（12）度量工具

皮卷尺：用途是度量尺寸，其规格为测量上限：5m、10m、15m、20m、30m、50m。

钢卷尺：用途是度量尺寸，其规格为测量上限：1m、2m、3m。

（13）镏子　用途是对密封材料表面进行修整，自制。

（14）剪刀　用途是裁剪卷材等，其规格为普通型。

（15）小线绳　用途是弹基准线，其规格为普通型。

（16）彩色笔　用途是弹基准线，其规格为普通型。

2. 小型机具

（1）电动搅拌器　用途是搅拌糊状材料，其规格为转速 200r/min，用手电钻改制。

（2）手动挤压枪　用途是嵌填筒装密封材料，其规格为普通型。

（3）气动挤压枪　用途是嵌填筒装密封材料，其规格为普通型。

3. 灌浆和注浆设备

（1）手掀泵灌浆设备　主要用途是对建筑堵漏注浆，其规格为普通型。

（2）风压罐灌浆设备　主要用途是对建筑堵漏注浆，其规格为普通型。

二、热熔卷材施工机具

1. 喷灯

煤油喷灯和汽油喷灯是喷灯的两个种类。下面以汽油喷灯为例，介绍喷灯的使用方法。施工时将汽油喷灯点燃，手持喷灯加热基层与卷材的交界处；加热要均匀，喷灯口距交界处约0.3m，要往返加热；当卷材熔融时立即向前滚铺，并用压辊压实；施工面积达到一定程度后，立即对卷材搭接处进行加热、封边，用压辊或小抹子将边封牢，使卷材与基层、卷材与卷材之间黏结牢固。

2. 手提式微型燃烧器

（1）构造与使用　微型燃烧器、供油罐和空气压缩机共同构成了手提式微型燃烧器。微型燃烧器由手柄、油路、气路及燃烧筒组成；供油罐由罐体、油路、气路和压力表等构成。在使用手提式微型燃烧器时，先发动空气压缩机，把供油罐内的油增压至油雾状态，然后点燃油雾，使微型燃烧器发出火焰，加热卷材与基层，当卷材熔融时立即向前滚铺，并用压辊给予一定外力将其压实，最后按预定施工方案对卷材搭接处进行加热、封边，用压辊或小抹子将边封牢，使卷材与基层、卷材与卷材之间黏结牢固。

（2）使用安全注意事项　为确保施工安全，操作时，应注意下列事项：

①燃烧器油路开关切忌猛开猛关，防止熄火的发生。

②燃烧器在运输、贮存及使用时，要妥善保护，不可乱扔、乱摔、随便拆卸或做其他工具用。特别是燃烧筒在工作时，温度较高，这时不可发生碰撞，否则会出现变形、漏油、漏气现象，造成事故的发生。

③供油罐内压力应在 0.3~0.7MPa 范围内，小于 0.3MPa 时，燃烧器工作不正常，罐内压力最大不得大于 0.7MPa。

④供油罐在运输或不用时，余油要通过接气开关和放油口排出，使供油罐呈放空状态，以免发生危险。

⑤供油罐体保持完好，须每年定期检查一次，每次用完需随检，如若发现隐患要及时上报并排除。

⑥供油罐应放置在低温处，随时进行检查。使用时，要采取措施避免强光曝晒，否则会带来严重危险。

⑦燃料只准用煤油或轻柴油，不准使用其他燃料。气路只准使用压缩空气，不准使用其他气体。

3. AD 牌新型火焰枪

（1）特点　AD 牌新型火焰枪是一种快捷的新式防水施工机具，主要特征有预热时间短（2~3min）、火焰强（火焰长度为 50~600mm）、燃烧时间长、不堵塞、耐用和使用方便等。

（2）使用方法

①AD-Y 型火焰枪的使用方法。

加油打气：首先打开加油盖，加入定量汽油或煤油，然后拧紧加油盖，关闭油罐开关阀，用气筒注气 0.2~0.4MPa，最后仔细检查是否存在泄漏。

预热：首先打开油罐阀和枪体油阀（旋转 1~1.5 圈），然后微动将调节阀打开，在喷火筒内注入少许汽油，随即把调节阀关掉，将喷火筒内的汽油点燃，燃烧 3min 就可达到预热程度。

点燃：将注入喷火筒内的汽油点燃，燃烧 2~3min，再打开枪体油阀（旋转 1~1.5 圈），然后开启调节阀，调节到所需火焰为止。

熄火：把油罐供油阀和枪体油阀关掉，然后轻轻关掉调节阀，即能熄火。

②AD-Q 型火焰枪的使用方法。

点火：首先接通液化气罐，打开罐体气阀，轻轻旋转枪体，微动调节阀（不需预热），然后用火柴或打火机点火。如需强火，可用手压强力阀开关，达到所需火焰温度和长度。值得注意的是，在使用 AD-Q 型火焰枪的过程中，一定要抽掉液化气罐上的减压阀芯。

熄火：关闭液化气罐及枪体调节阀即可。

（3）使用安全注意事项

①使用前，要仔细检查各连接处是否存在渗漏情况。压力容器要轻拿轻放，禁止出现漏油、漏气现象。

②调节阀只能用来调节火焰的大小，不可以用来充当关闭油路。它的调度通常是 1.5~2.5 圈。

③发生意外火灾时，首先关闭油罐开关阀，切断油源，然后迅速使用相应的方法灭火，防止油罐爆炸。

（4）故障排除

①喷火筒只出气而不喷火。原因是吸油管比油面高，解决方法为加油。

②火焰不稳定。原因是油中有杂质，解决方法为清洗油罐或更换油料。

③火焰出现红色虚火。原因是预热时间不到 3min，调节阀打开过大，解决方法为延长预热时间，重新调整调节阀。

④有油不出火。原因是气压不足，或喷嘴内腔积炭过多，解决方法为调节气压或清除杂质。

三、热焊卷材施工机具

热风焊接法是卷材防水层热法施工中的一项重要技术。热风焊接法的主要施工机具有热压焊接机、热风塑料焊枪、小压辊、冲击钻等。

1. 热压焊接机

传动系统、热风系统和转向部分共同构成了热压焊接机。热压焊接机主要用来焊接 PVC 防水卷材的平面直线，手动焊枪焊接圆弧及立面。

（1）特点

①使用灵活、方便，设备耐用。

②体积小，结构简单，成本低。

③劳动强度低，质量有保障。

④节省卷材。

⑤焊接不受气候的影响，刮风及冬季均可施工。

⑥环境污染不会太大。

（2）操作顺序

①检查焊机、焊枪、焊嘴等是否齐全，安装是否牢固。

②启动开关总合闸，接通电源。

③先开焊枪开关，调节电位器旋钮至适宜功率，温度达到要求后，预热几分钟。

④启动运行电机开关，用手柄控制运行方向，开始热压焊接施工。

⑤焊接结束后，首先把热压焊接机的电机开关关掉，然后旋转焊枪的旋钮至零位，几分钟后，再关焊枪的开关。

2. 热风塑料焊枪

热风塑料焊枪是一种电动加热工具，别称热风枪、焊塑枪、恒温热风枪，适用范围极为广阔，构成部分包括枪芯、电机、调温控制设备等。

（1）工作原理　热风塑料焊枪接通电源后，电机转动产生驱动力，风叶转动产生快速强势风力，调温控制设备掌控温度的大小，枪芯发热产生高温风力，然后对材料进行热熔焊接。

（2）应用范围　热风塑料焊枪不仅有很多型号，而且拥有较广的适用范围，下面以 DSH-D16 型号为例，介绍其主要应用范围：

①焊接热塑性塑料，部分弹性体和改性沥青片材、软管、型材、内衬层、涂层材料、薄膜、泡沫塑料和边角部分的材料。焊接方法主要包括交叠焊接、使用焊条焊接、贴带式焊接、熔合焊接和对接焊五种。

②加热风，用于成型、弯曲和热塑性材料半成品及塑料粒子的封装。

③干燥、潮湿的表面。

④热收缩。适用于热缩套管、薄膜、条带、锡焊套管和模塑产品。

⑤锡焊。适用于铜管的焊接、锡焊接和金属薄片的焊接。

⑥除霜。适用于冷冻的水管。

⑦活化、溶解。适用于不含黏结剂的溶剂、热熔胶。

⑧点燃木头碎屑、纸张、火炉内的木炭或稻草。

按照使用情况，可以在热风焊枪上换装不同喷嘴。除了用于焊接和塑料的加热成型、对接，热风焊枪还可作为理想的热风源使用。

第四节　防水施工程序

一、防水施工特点与任务

1. 防水施工特点

（1）质量要求高　建筑物和构筑物的使用年限和功能的顺利运行，要求防水施工的质量必须有保障。

（2）施工条件复杂　工程位置可能在地下、地上、室内，施工的部位可能是地下的构筑物或屋面、墙面、楼地面，由于经常露天作业，在地下水位、气候条件等外部环境因素的制约下，施工条件变得更加复杂。

(3) 材料品种多 随着科学技术的不断发展，防水材料日益丰富，不同的材料有各自的性能特点，因此施工方法必须随着不同材料质量要求的变化而改变。

(4) 施工工期长 由于防水工程施工工艺复杂，工程量大，质量要求高，施工时间一般较长。

(5) 成品保护难 防水工程和其他工程交叉施工导致了防水材料的强度降低，使防水材料容易遭到破坏，成品保护难度增大。

(6) 薄弱部位多 施工缝、变形缝、后浇带、穿墙管、螺栓孔、预埋件、预留洞、阴阳角等都是防水薄弱部位，只有针对不同部位采用不同防水方法，才能做到防水。

(7) 管理难度大 防水工程施工工艺的复杂性，施工的流动性和单件性，受自然条件影响大，高处作业、立体交叉作业、地下作业和临时用工量大，协作配合关系较复杂等因素是造成防水施工管理难度大的关键所在。

2. 防水施工主要任务

建筑防水工程的施工，是建筑施工技术的重要组成部分，也是保证建筑物和构筑物不受侵蚀、内部空间不受危害的分项工程施工。适当运用防水材料是实现防水、保证建筑物功能正常运作的主要手段。防水工程直接影响建筑物使用年限，涉及人们生产、生活、工作的正常进行。严重的渗漏在损坏建筑物的同时，也给人们的生命和财产带来了极大威胁。同时，建筑防水工程施工是一个系统工程，它涉及各个方面。建筑防水工程施工的主要任务是在综合考虑材料、设计、施工、管理等因素的基础上，精心组织、精心施工，使各方面的质量和技术水平得到进一步的提升，保证建筑物或构筑物的使用功能在耐久年限内的充分发挥，并有良好的技术和经济效益。简而言之，加强管理，防渗防漏，确保防水工程质量、工期和效益是防水工程施工的主要任务。

二、防水施工准备

防水施工的准备工作包括：给拟建工程的施工创造必要的技术、物质条件，统筹安排施工力量和部署施工现场，并确保工程施工顺利进行。认真做好施工准备工作，对发挥企业优势，强化科学管理，控制好质量、工期、成本和安全，提高企业的综合经济效益和社会信誉等有着重要的意义。

1. 防水施工组织设计

施工组织设计在满足国家相关法规、业主要求、设计图纸和组织施工的基本原则的基础上，从拟建工程施工出发，结合工程实际情况，采用科学的管理方法，合理地利用现有的人力、物力和财力，根据时间和空间进行施工安排和管理，最终获取质量高、工期短、费用低的效益。

实践证明，如果拟建工程的施工组织设计的编制合理，并且在施工过程中得到了认真的贯彻执行，就能够保证其施工的顺利进行，取得一定的经济效益和社会效益。

2. 防水施工材料、机具准备

（1）防水工技术准备

①仔细阅读设计图纸，透彻了解防水层施工要求，认真思索工序之间的联系。

②结合现场条件与项目经理交代的施工方案进行分析理解，特别是明确细部构造节点的施工做法。

③把经验同设计和施工验收规范要求结合在一起，能够熟练地进行施工操作。

（2）防水材料需用量准备　材料需用量计划主要为组织备料，确定仓库或堆放面积，组织运输用。其编制方法是根据材料的名称、规格、使用时间和损耗对工料分析表或进度表中显示的施工所需材料进行计算和汇总。

（3）防水施工机具、防护用品的准备　根据施工方案和施工进度计划，确定施工机具的类型、数量、进场时间。其编制方法是将施工进度计划表中的每个施工过程，每天需要的机具类型、数量、施工时间进行汇总，从而得出施工机具的需要量计划。在有毒、有害和高温条件下开展防水施工，必须在安全操作规程的要求下，准备好安全设施和劳动保护用品，如安全网、安全带、安全帽、灭火器、工作服、防护镜、手套等。

三、施工现场准备与技术交底

1. 施工现场准备

施工现场准备主要有材料堆放场所和每天运到工作面上的施工材料临时堆放场地的准备、现场工作面的清理等方面，具体如下：

（1）准备现场材料、工具贮存堆放仓库，堆放仓库应通风、无热源。

（2）根据品种和规格将材料分别堆放，防止阳光曝晒和渗水的发生；易燃物应标示清楚，远离火源。

（3）准备运输工具，接通电源、水源，清理道路。

（4）工作面保持清洁，仔细检查基层排水坡度是否达标，强度、表面平整度是否与要求相符，如有缺陷应事先予以处理。

（5）预埋件和伸出屋面管道、设施是否安装完毕，是否牢固。

（6）认真查看相邻和高跨屋面施工是否会对本工作面防水层的施工和成品保护造成不良影响。

2. 技术交底工作

（1）目的　技术交底工作必须在工程正式施工前做好，使参加防水施工的技术人员和工人对施工任务、技术要求、施工工艺、安全等事项有清醒的认识，以保证防水工程能够及时开展。

（2）主要内容　技术交底包括技术、质量、安全、用料、工期要求及与相关工种的协作配合方法等。

（3）方法　书面形式的技术交底得到相关负责人认可后，需以口头形式传给主要作业人员，使操作人员真正明确和彻底领会，必要时可示范操作。技术交底见证了防水施工方案实施的过程，是保证工程质量的关键。技术交底工作应分级进行，分级管理。凡技术复杂（包括推行新技术）的重点工程、重点部位，企业总工程师必须对下级技术负责人进行详细的交底，明确关键性的施工技术问题、主要项目的施工工艺，以及对特殊工程的技术、材料提出试验项目、技术要求和注意事项等内容。施工队一级的技术交底包括图纸、施工方法、技术措施和操作要求等方面的技术交底，由施工队技术负责人对施工员、质量检查员、安全员及班组长进行技术交底。单位工程技术负责人在向班组交底时，要结合具体操作部位，根据上级技术领导的相关要求，明确关键部位的质量要求、操作要点及注意事项，制订相应的保证质量和安全的计划方案、相互协作配合和完成任务的计划安排。

3. 防水工操作条件

（1）基础、主体及各种基层经验收全部合格。

（2）各种穿出屋面的预埋管件、穿墙洞已补好；屋面的烟囱、排风口、女儿墙、水池、电梯间、变形缝、天沟等节点在设计的相关规定下已经完成施工。

（3）屋面的施工现场已清理干净，上料的机具没有损坏并且安全，架子和围护都很到位。

（4）地下防水基层已清理干净，细部节点在设计的相关规定下已经完成施工，经验收合格。

（5）地下防水坑壁支护安全，工作面大小能满足施工需要，架子、安全防护等设施准备充足，经检查合格。

（6）室内多水房间的基层细部节点在设计的相关规定下已经完成施工，经验收合格，安全照明也已施行。

（7）消防器材、安全用电系统、机械运输设施、环境保护要求等部分在防水施工前进行全面检查，保证施工安全。

第四章　屋面工程防水施工技术

第一节　屋面工程防水施工的规范及要求

屋面防水工程施工的前提是必须服从《屋面工程质量验收规范》（以下简称《规范》）、屋面防水工程设计要求以及执行国标、行标等防水材料的要求。施工应充分体现设计意图，设计应考虑施工的可操作性，二者缺一不可。

一、屋面防水工程分类

根据防水材料和建筑屋面构造形式的不同，建筑屋面防水工程的施工可以分成以下几类：

（1）屋面卷材防水施工。

（2）屋面涂膜防水施工。

（3）屋面刚性防水施工。

（4）屋面保温隔热施工，主要有架空隔热屋面施工、蓄水屋面施工、种植屋面施工和倒置式屋面施工。

（5）瓦屋面施工，主要有平瓦屋面施工、波形瓦屋面施工、油毡瓦屋面施工和压型钢板瓦屋面施工等。

二、屋面防水工程施工要求

1. 保证施工质量

防水工程基本要求中的首要也最重要的一点是工程的质量。防水施工关系着整个工程质量的高低。为保证工程质量，必须对防水设计进行严格把关，施工部门一旦发现设计出现问题，就要及时解决，待图纸得到完善再展开施工。

屋面防水施工效果

屋面防水施工对操作人员的要求十分严格，只有取得防水施工资质的防水专业队伍和经过专业培训后合格，持证上岗的防水工才能参与施工。

操作人员在进行防水施工时必须严格遵守相关规定和要求，这在对屋面细部构造的处理上得到了充分体现。屋面防水施工的基本操作步骤是：对局部质量进行验收后，再进行大面积的防水层施工。屋面防水层完工后，应尽量避免在上面凿眼打洞，以确保防水工程的质量。

屋面防水对防水材料的要求很高，防水材料不但要提供质量合格的证明文件，而且必须得到指定的质量检验部门认证，其产品质量也要符合相应的标准及技术指标。

根据《规范》要求，防水材料进入施工现场后，施工单位必须取样复测，提供检验报告，检验数据要真实精确。防水材料只要合格，就可用于防水工程。

2. 认真做好施工前期准备

（1）技术准备

①防水施工方案的编制。防水施工方案或技术措施不但要符合专项防水工程设计要求和技术要求，而且要有针对性，经上级有关主管部门审核批准后方可实施。

施工方案具体有防水工程概况、材料选用、施工方法、细部构造、操作要点、质量要求、成品保护、施工进度、施工安全及注意事项等。

②防水施工检验步骤的明确。施工检验步骤（程序）是由质检和技术人员共同研究后确定的。施工前，必须明确哪几道工序是必检合格之后才允许连续施工的，并提出相应的检验内容、方法与记录，如防水施工前，必须对找平层进行检验。施工检验步骤合格后才可进行防水作业。防水施工中，还要进行中间检验和工序检验。只有及时发现缺陷和问题，及时修补，消除隐患，才能保证质量。

③技术学习和技术交底。按照专项工程防水施工方案的要求，在新材料、新工艺、新技术领域对防水工进行培训，使之掌握技术要领。

开工前，施工负责人必须对班组进行全面技术交底。交底的主要内容包括防水部位及设防要求、施工做法及细部处理、保证质量措施、责任分工及施工进度、安全等。

（2）作业准备

①材料与工具准备。工程队根据工程面积计算出防水材料总量后，把全部的防水材料分次运到施工现场；提前准备好配套材料（胶粘带、胶黏剂、冷底子油稀释剂等）、专用施工工具和操作人员

的劳保用具。

根据情况设临时库房，以贮存易燃物品（汽油燃料等）。

②做好防水层相关层次的施工。防水层相关层次包括结构层、找平层、隔气层、保温层、找坡层、隔离层等。这些层次的施工质量对卷材防水层的施工至关重要。

a. 结构层。即工程上通常说的顶层屋面板。在质量上，结构层的要求比较严格，应有较大的刚度，变形小，整体性强。通常来讲，结构层用现浇混凝土整体板或防水混凝土板对防水层有利。如结构层为预制装配式混凝土板，板缝要用C20细石混凝土填嵌，灌缝的细石混凝土宜掺微膨胀剂。如果屋面板板缝宽度超过40mm或上窄下宽，板缝就要设置构造筋，板端缝要进行密封处理。

b. 找平层。防水层附于基层（找平层）之上，基层质量是防水层施工质量的基础。

坡度：排水坡度是找平层非常重要的一项参数，如排水不畅，防水层在水的浸泡下会加速材料老化，甚至发生渗漏。因此，防水层进行施工前一定要仔细检查屋面排水坡度和天沟、檐沟、檐口、水落口和自由排水等各处的坡度。

平整度：找平层不平整影响防水层粘贴，会削弱防水功能，并极易出现表面积水现象。防水层施工前要用2m的靠尺进行检查，其空隙最大允许值为5mm，检查的时候应尤其注意顺屋面坡度的方向。

强度与表面质量：找平层通常在屋顶板上抹有一定强度，20mm厚，配合比为1：（2.5~3）的水泥砂浆。找平层表面要光滑，避免出现起砂、起皮和开裂现象。

为了避免找平层开裂，可在找平层的板端缝留分格缝。分格缝中嵌填密封材料的目的是，使结构变形与找平层干缩变形、温差变形集中在柔性处理的分格缝上。

含水率：柔性防水层（包括卷材、涂料等防水层）对屋面找平层的含水率要求较高。在干燥或较干燥地区，找平层的含水率以不大于9%~10%为宜。测量含水率达标的简便方法是将1m长的卷材平铺在找平层上，3~4h 后掀开检查，如果被覆盖部位及卷材表面没有水印，则基层含水率符合基本要求，可以进行卷材的铺设。

清扫：在施工前，清扫干净找平层表面的砂粒、灰浆、灰尘、杂物等，对卷材与基层的黏结有益。

c. 隔气层。隔气层的作用是防止室内水蒸气通过屋面板渗透到保温层内影响保温效果、促使防水层起鼓（是否设置隔气层参见屋面规范）。

冷凝水常常以蒸汽的形式进入保温层，影响保温效果，因此要选取气密性好的材料做隔气层。通常用单层防水卷材满粘或空铺法施工，有时也采用涂膜防水处理。

（3）防水材料的选择　依据环境条件和使用要求选择防水材料时，一定要确保其耐用年限。结合屋面防水材料所处环境、暴露程度和屋面结构的刚度情况，正确选用和合理使用防水卷材，如在热带和亚热带地区，最高气温通常很高，而最低气温也在 0℃ 以上，所以要选用耐热度较高（90℃ 以上）和柔性温度也较高的 APP 改性沥青防水卷材等；在寒冷地区，最高气温较低，最低气温可达到 -30℃ 左右，因此要选用柔性温度在 -20℃ 以下的 SBS 改性沥青防水卷材和合成高分子防水卷材等；屋面坡度大于 15%，且最高气温较高地区的屋面，要选用耐热度在 90℃ 以上的 APP 改性沥青防水卷材或合成高分子防水卷材等；对于受震动、易变形的屋面而言，要选用拉伸强度较高、延伸率较大的聚酯胎改性沥青防水卷材或合成高分子防水卷材等。

再如，防水构造是外露屋面，要选用耐紫外线、耐臭氧、耐热度和耐老化保持率高的合成高分子防水卷材或 APP 改性沥青防水卷材等；防水层上面为重物覆盖的上人屋面、种植屋面或蓄水屋面等，要选用抗霉性的合成高分子防水卷材、聚酯胎或玻纤胎的高聚物改性沥青防水卷材等。

第二节　屋面卷材防水施工

一、卷材防水屋面叠层热施工

沥青卷材防水屋面施工的材料是沥青防水卷材，通常采用的是叠层施工（二毡三油或三毡四油），以沥青玛蹄脂作为黏结材料。

1. 施工准备

（1）技术准备

①充分了解施工图要求，制订防水工程施工方案。

②选择合格的防水工程专业施工队，操作工人必须经培训合格并有上岗证。

③实施并执行自检、交接检和专职人员检查的“三检”制度，在施工前对操作人员进行认真的技术交底。

④水、电设备等安装队伍已会签，确认屋面不会再剔砸孔洞。

（2）材料准备

①卷材。沥青纸胎油毡、沥青玻纤胎油毡和沥青复合胎柔性防水卷材是目前主要使用的三种沥青防水卷材。沥青油毡在进场时，应向生产厂家索取产品合格证及材料技术指标或相关技术标准，取样后交由实验室检验，合格后方能投入使用。沥青油毡在现场的检测项目包括拉力、耐热度、柔度及不透水性。

②胶结材料。沥青玛蹄脂、填充料和相关配料是构成胶结材料的主要成分。沥青玛蹄脂的标号是由设计或土建总包单位在综合考虑屋面坡度和当地气候条件之后确定的。然后根据玛蹄脂的标号及沥青等原材料进场情况，由相应资质的试验部门进行玛蹄脂配合比试验。施工过程中，禁止防水施工人员任意改变玛蹄脂配合比。

填充料主要有滑石粉、板岩粉、云母粉、石棉粉等，其含水率不得大于3%，粉状通过0.045mm的方孔筛，筛余量不大于20%。

其他配料有豆石（绿豆砂）、汽油、煤油、麻丝、苯类、玻璃布等。豆石的粒径是3~5mm，选用的豆石必须干净、干燥。

每100m^{2}防水层各种材料的需用量见表4-1。

表4-1 沥青防水卷材热法施工参考用量

施工做法	每100m^{2}材料用量						
	350号油毡/m^2	沥青玛蹄脂/m^3	冷底子油/kg	绿豆砂/m^3	沥青/kg	溶剂/kg	填料/kg
冷底子油一道			(49)		15	34	
二毡三油一砂	240	(0.70)		0.52	578		192
每增一毡一油	120	(0.15)			124		41

（3）主要施工机具　现场砌筑的普通沥青锅灶有地上式和半地下式两种。整体上用砖砌筑的是地上式沥青锅，其燃料口和出灰口均设在地上。半地下式比较简单，在地面上挖个坑，炉条以下置于地下，炉条以上砌砖。地上式沥青锅灶炉灶还设有鼓风口及烟囱，其中烟囱的高度以2m为宜。

容积依据施工面积的大小而定，一般有0.5m^3、0.75m^3、1.0m^3、1.5m^{3}四种。沥青锅的材质全部是用钢板焊接而成的，它的两边就是用角钢或其他型钢和灶膛固定的铁件焊接起来的，四周与炉灶之间要留有100mm的空隙，目的是使火焰上升，使沥青锅能够全面受热。

（4）常用劳动保护用具　沥青防水热施工是一种有毒、有害作业，且容易发生烫伤事故。所以，要把必要的安全防护用具准备好，以确保操作者的安全和健康。常用护具见表4-2。

表 4–2 防水施工常用护具

名 称	配置数量及使用范围
工作服	每人一身
护脚	每人一件，或可用球鞋代替
安全帽	每人一顶
墨镜	每人一副
防烫伤药膏	共用
清洗剂	共用
手套	每人一副
安全绳	高空作业的工人配用
口罩	每人一个
防毒口罩	接触苯类、丙酮、石棉等操作时使用

（5）作业条件

①相关工序经质量验收后要合格，基层表面必须保持平整、坚实、干燥、清洁，不能出现起砂、开裂和空鼓的现象。

②基层的坡度应符合设计规定，不得有倒坡积水现象。

③进行防水层施工之前，必须根据规定对屋面的细部构造作好基层处理。

2. 施工流程

卷材防水屋面叠层热施工工艺流程如下：

基层清理→檐口防污→沥青熬制、配料→喷刷冷底子油→节点附加层增强处理→定位、弹线试铺→铺贴卷材→蓄水试验→保护层施工→检查验收

（1）基层清理　在防水层底层施工前，清理掉合格的基层表面的尘土和杂物，并对节点处进行清理。

（2）檐口防污　在檐口前沿刷上一层较稠的滑石粉浆或粘贴防污塑料纸，防止檐口污水，卷材铺贴完后，清除滑石粉上的沥青胶，或撕去防污塑料纸。

（3）沥青熬制、配料　此工序分为沥青熬制、配制冷底子油和

沥青玛蹄脂三个步骤。

①沥青熬制。先将沥青破成碎块，放入沥青锅中逐渐均匀加热，加热过程中随时搅拌，沥青熔化后迅速拿漏勺将锅中的杂物捞出，熬至脱水、无泡沫时进行测温。建筑石油沥青熬制温度最高为 240℃，使用温度最低为 200℃。

②配制冷底子油。配制时按表 4-3 的配合比（质量比），把熬好的沥青倒入料桶，待温度降低到 110℃，一边加汽油一边搅拌，溶剂彻底溶解即可。

表 4-3　冷底子油配合比参考表

成分 用途	沥青（质量,%）			溶剂（质量,%）	
	10 号或 30 号石油	60 号石 油沥青	软化点 50~70℃ 煤沥青	轻柴油	苯
喷涂在终凝前的水泥基层上	40			50	
		55		45	
			50	50	
喷涂在终凝后的水泥基层上	50			50	
		60			40
			55		45
喷涂在金属配件表面上	30			70	
	35			65	
	45				55
			40	60	
			45		55
	45				45

③沥青玛蹄脂配制。

熬制步骤：按实验确定的配合比严格进行配制、熬制。若配料是液体沥青，按体积比用量勺计量；若配料是块状沥青，将其打成 80~100mm 的碎块后按质量比配料。

熬制时，先将沥青放入锅内（以放锅容量2/3左右为宜）加热熔化至160~180℃，使其脱水至不再起泡，并用笊篱将杂质打捞干净备用。根据配合比要求计量的填充料在预热（120~140℃）脱水、清理干净后放入沥青锅中，与沥青拌匀至表面无泡沫、疙瘩为止。熬制时，控制“火候”十分重要，这是保证质量的重要一环。每个工作班均应检查耐热度和柔软性。

（4）喷刷冷底子油　喷涂冷底子油的目的是使基层和防水卷材之间的黏结度得到加强，涂刷工作一般在水泥砂浆养护完毕、表面基本干燥后进行（俗称“干刷法”）。采用棕刷或胶皮刷将冷底子油涂刷到水泥砂浆基层上，涂刷要均匀，越薄越好，不得留有空白。切忌涂刷太厚，否则在炎热天气会造成卷材与沥青玛蹄脂的滑动，黏结不牢。用机械喷涂冷底子油，既能确保质量，又可节省材料和劳力。在进行大面积喷刷前，应将边角、管根、雨水口等处先喷刷一遍，然后大面积喷刷第一遍，待第一遍油干燥后，再喷刷第二遍，喷刷要均匀，避免出现漏底现象。

涂刷冷底子油宜在卷材铺贴前1~2d内进行，这样才能保证施工质量。冷底子油涂刷后经过风干，感觉不粘手后即可铺贴卷材。

（5）节点附加层增强处理　对于沥青防水卷材屋面，女儿墙、檐沟墙、天窗壁、变形缝、烟囱根、管道根与屋面的交接处，以及檐口、天沟、斜沟、雨水口、屋脊等部位，在符合设计要求的前提下，可以依据节点的具体情况，对防水卷材进行裁剪，然后铺设增强卷材附加层。排气道、排气帽必须通畅，排气道上的附加层必须单面点粘，宽度不小于250mm，并强调以下几点：

①无组织排水檐口在800mm宽的范围内必须铺满卷材，而且卷材的收头不能松散和出现缝隙。

②屋面与突出屋面结构的连接处，铺贴在立墙上的卷材高度不小于250mm，一般可用叉接法与屋面卷材相互连接，将上头固定在墙上，缝隙要用密封材料嵌封严密。

③内部排水铸铁雨水口必须坚固稳定，符合设计要求。在进行安装前，必须清理掉铁锈，刷好防锈漆。水落口连接的各层卷材应牢固

地粘贴在杯口上，压接宽度不小于100mm；水落口周围500mm范围内，泛水坡度不可低于5%，在基层和水落口杯接触的地方事先留出一个宽20mm、深20mm的凹槽，并用密封材料填充嵌实。

④伸出屋面的管道根部应做成圆锥形，管道与找平层相接处预留凹槽，填嵌密封材料。防水层收头的地方在用钢丝箍紧后，用密封材料填充嵌实。

（6）定位、弹线试铺　为了便于掌握卷材铺贴的方向、距离和尺寸，应事先检查卷材有无弯曲。在正式铺贴前要进行定位、弹线试铺工作，在找平层上弹线来确定卷材的搭接位置，使卷材保持顺直，不会出现扭曲和皱褶。

（7）铺贴第一层油毡　卷材在使用的前几天，应先将表面的撒布物清扫干净。如果撒布物是滑石粉，使用干净扫帚进行清扫，手摸不出滑石粉即可；如果撒布物是云母片，则应用废窗纱叠在一起作为钢刷来刷，刷至表面露出沥青本色、无细粉末为止。将处理后的卷材反卷为筒状后直立放在通风处，这种做法的目的是确保铺贴时的平服，避免出现翘边。

（8）铺贴2~3层卷材　一般防水层为五层做法（即“两毡三油”），第二层做法与第一层相同，第一层与第二层卷材错开搭接接缝不小于250mm，搭接缝要用玛蹄脂封严。对于无板块保护层屋面的设计，在涂刷最后一道热玛蹄脂（厚度宜为2~3mm）时，一边涂一边撒豆石做保护层，注意均匀黏结。第三层卷材与第二层卷材错进搭接缝粘贴。

（9）蓄水试验　防水层完工后要进行蓄水试验，蓄水的高度不能小于50mm，蓄水的时间要超过24h。经试验检查不渗漏后，才可进行保护层施工。如屋面无蓄水条件，则可在雨后或持续淋水以后进行检查。

（10）铺设卷材保护层　沥青防水卷材屋面的保护层通常采用洁净、干燥、粒径为3~5mm的绿豆砂。将绿豆砂预热至100℃左右，在清扫干净的卷材防水层表面上刮涂一层热沥青玛蹄脂，同时铺撒热绿豆砂，将二者滚压黏结在一起，之后把未粘牢的豆石清除掉。

铺贴防水卷材

3. 操作技巧

第一层油毡的铺贴最关键，要严格控制下列重点和难点：

（1）铺贴防水卷材的方向　综合考虑屋面坡度、防水卷材的种类、屋面工作条件及历年主导风向等情况，然后确定防水卷材铺贴的方向。坡度小于3%时，宜平行于屋脊铺贴；坡度在3%～15%时，平行或垂直于屋脊铺贴；当坡度大于15%或层面受震动时，卷材应垂直于屋脊铺贴。

（2）铺贴防水卷材的顺序　首先对排水比较集中的部位，如雨水口、檐口、天沟等进行铺贴；对于高、低跨屋面相毗连的建筑物，应先铺高跨屋面，后铺低跨屋面，铺贴的方向是从标高低处往标高高处，铺贴的方式是滚铺；在同高度的大面积屋面上，要先铺远部位后铺近部位。

对高度一样的大面积屋面进行卷材铺贴，首先要将屋面分成若干施工流水段，分段的界线是屋脊、天沟、变形缝等。然后再根据操作要求确定各流水段的先后施工顺序，如在包括檐口在内的施工流水段中，应先铺贴檐口，再向上铺贴到屋脊或天窗的边墙；在包括天沟在内的施工流水段中，应先铺贴水落口，再向两边铺贴到分水岭，再往上铺贴到屋脊或天窗的边墙。

对于接缝，铺贴应顺年最大频率风向搭接。上述铺贴防水卷材顺序的基本原则同样适用于其他防水卷材、涂料等操作工艺，以后章节均不再对此进行赘述。

（3）各层防水卷材铺贴搭接宽度　各层防水卷材铺贴搭接宽度长边不小于 70mm，短边不小于 100mm，上下层不得相互垂直铺贴。如果第一层采用了点、条、空铺方法，则长边不能小于 100mm，短边不能小于 150mm。

（4）铺贴卷材使用正确的操作方法　在铺贴卷材时，只有采用正确的操作方法，才能保证卷材铺后平整、黏结牢固，不会发生鼓泡、漏水、流淌等不好现象。常用的操作方法如下：

①满贴法。又叫全粘法，即在铺贴防水卷材时，卷材与基层（找平层）采用全部黏结的施工方法。过去常用的沥青卷材防水层热法叠层施工、热熔法、冷粘法、自粘法就经常用此法铺贴卷材。满贴法在屋面结构变形不大、屋面面积较小、基层比较干燥的条件下应用广泛。卷材采用满粘法施工时，找平层的分割缝处宜空铺，空铺宽度宜为 100mm。

优缺点：对于三毡四油沥青防水卷材，可以使每层都具有一定厚度的胶结材料，从而增强卷材的防水能力。但是，当找平层湿度较大或赋予面变形较大时，防水层就很容易起鼓、开裂。

②空铺法。即铺贴防水卷材时，卷材与基层仅在四周一定宽度内黏结，而其余部分不黏结的施工方法。在对檐口、屋脊和屋面的转角处及突出屋面的连接处进行卷材铺贴时，卷材与基面应涂满胶结材料，其粘接宽度不得小于 800mm，卷材与卷材间的搭接缝应满粘；对叠层进行卷材铺设时，卷材与卷材之间的搭接缝亦应满粘。空铺法经常用于基面潮湿，保湿层和找平层干燥有困难的屋面，或用于埋压法施工的屋面。

优缺点：降低基层变形对防水层的不利影响，有利于解决防水层起皱、开裂问题。但由于防水层与基层不黏结，一旦发生渗漏，水会四处窜流，不易找到渗漏点。

③点粘法。即铺贴防水卷材时，卷材或打孔卷材与基层采用点状粘接的施工方法。要求每平方米至少能粘接5个点，且每个点的面积为100mm×100mm；卷材与卷材的搭接缝应满粘，而防水层周边一定范围内（800mm），也应与基层粘接牢固。点粘法在能留槽排气，却不能可靠解决防水层开裂和起鼓的无保温层屋面，或者温差较大而基层又非常潮湿的排气屋面得到了广泛使用。

优缺点：增大了防水层适应基层变形的能力，有利于解决防水层开裂、起鼓等问题。但在第一层采用打孔卷材的情况下，只能用于卷材多叠层铺贴施工，并且操作较复杂。

④条粘法。即铺贴防水卷材时，卷材与基层采用条状粘接的施工方法。要求每幅卷材与基层的粘接面至少有两条，并且每条宽度不可小于150mm，卷材与卷材的搭接缝应满粘；当采用叠层铺贴时，卷材与卷材间亦应满粘。这种方法适用范围与点粘法相同。

优缺点：卷材与基层之间有一部分不黏结，这使防水层适应基层的变形能力得到增强，有利于防止卷材起鼓、开裂。但操作比较复杂，而且部分地方减少了一层胶结材料，降低了防水功能。

4. 成品保护

（1）为了保温层、找平层、防水层和保护层的完好无损，禁止操作人员在施工过程中和施工后穿硬底或带钉鞋在屋面上行走。

（2）已铺贴好的卷材防水层，应采取措施进行保护，严禁在防水层上进行施工作业和运输，并及时做防水层的保护层。

（3）屋面施工中运送材料的手推车支腿要用麻布进行包扎；为保护防水层，屋面上禁止堆放重物。

（4）防水层底层应采取防止污染墙面、檐口及门窗的措施。

（5）在屋面施工过程中，施工杂物必须得到迅速的处理，以免堵塞和损坏水落口、天沟、排气帽等。

（6）屋面各构造层与防水层连续施工（特别是保护层），保证施工完的防水层不受破坏。

二、卷材冷粘法施工

下面主要介绍合成高分子防水卷材的施工工艺。

1. 涂刷基层处理剂

基层处理剂是由甲料、乙料和二甲苯按照 1∶1.5∶3 的比例配制而成的一种低黏度聚氨酯涂膜防水材料。用电动搅拌器将基层处理剂搅拌均匀，用长把滚刷蘸满后均匀地涂刷在基层表面，不可见白、露底，再经过干燥 4h 以上后，即可进行下一工序的施工；另外，也可将含固量为 40%、pH 为 4、黏度为 0.01Pa·s 的阳离子氯丁胶乳用喷浆机进行喷涂，喷涂时要厚薄均匀，再经干燥 12h 左右（视温度与湿度而定）后，才能进行下一工序的施工。

2. 复杂部位增强处理

对于阴阳角、水落口、通气孔的根部等复杂部位，可用聚氨酯涂膜防水材料进行加强处理。

聚氨酯涂膜防水材料的处理方法是，先将甲料和乙料按照 1∶1.5 比例搅拌均匀，均匀涂刷于阴阳角、水落口等周围，涂刷宽度应中心算起超过 250mm，厚度超过 2mm，涂刷固化 24h 后，即可进行下一道工序的施工。

3. 涂刷基层胶黏剂

将氯丁橡胶系胶黏剂（或其他基层胶黏剂）的铁桶打开后，用手持电动搅拌器搅拌均匀，便可涂刷基层胶黏剂。

（1）卷材表面上涂刷　把卷材摊铺在整洁的基层上（靠近铺贴的位置），基层胶黏剂用长柄滚刷后均匀地涂刷在卷材的背面，不要刷得太薄而导致露底，也不得涂刷过多而导致聚胶。需要注意的是，搭接缝部位禁止涂刷胶黏剂，因为要留作涂刷接缝胶黏剂用。涂刷后，静置 10~20min，待指触基本不粘手时，用纸筒芯将卷材卷好，即可进行铺贴。打卷时，要严格防止砂、尘土等异物的混入。

（2）基层表面上涂刷　基层胶黏剂用长柄滚刷均匀涂刷在基层处理剂已基本干燥以及洁净的表面上。涂刷时要均匀，禁止对一处进行反复涂刷，否则会造成底胶“咬起”。涂刷经干燥10~20min，指触基本不粘手时，便可铺贴卷材。

4. 铺贴卷材

铺贴卷材时，首先把刷过基层胶黏剂的卷材抬起，翻过来，将一端粘贴在预定部位后，再沿着基准线向前粘贴。粘贴时，应注意不得将卷材拉伸。为使防水卷材在松弛的状态下能够牢固地黏结在基层上，可用压辊用力向前和向两侧滚压。也可在涂刷过胶黏剂的卷材圆筒内插入一根 ϕ30mm×1500mm 的铁管，由两人手持铁管将卷材抬起，一端粘贴在预定部位，再沿着基准线向前进行滚铺。

用干净、松软的长柄压辊从每幅铺好的卷材一端开始对其进行横向滚压，使卷材和黏结层间的空气全部排掉。

排除空气后，卷材平面部位可使用外包橡胶的大压辊（一般重30~40kg）进行滚压，使其黏结牢固。由中间往两侧滚压，以使空气完全排掉。

在平面、立面交接处，先粘贴好平面，经转角，由下往上粘贴卷材。粘贴时严禁将卷材拉紧，卷材轻轻沿着转角压紧、压实后再粘贴。滚压时应从上往下进行，垂直面要用手辊，转角部位要用扁平辊。

5. 卷材接缝粘贴

搭接缝是卷材防水施工中的非常脆弱的关节，一定要严格对待。施工时，先在搭接部位的上表面，顺边每隔0.5~1m涂刷上少量接缝胶黏剂，待接缝胶黏剂差不多干燥时，翻开搭接部位的卷材并作临时固定。然后，将配制好的接缝胶黏剂用油漆刷均匀涂刷在翻开的两个黏结面上，涂胶量一般以0.5~0.8kg/m^2 为宜。放置20~30min，当指触基本不粘手时，便可进行粘贴。

粘贴时，应先从一端开始，一边粘贴一边驱除其中的空气，然后要及时、认真地用手持压辊按顺序辊压一遍，接缝处不能出现气泡或皱折。三层重叠的接缝处很容易成为渗水通道，因此碰到这种情况后，一定要用密封膏及时填嵌密封。

6. 卷材末端收头处理

为了防止卷材末端收头和搭接缝边缘出现剥落或渗漏的现象，一定要用单组分氯磺化聚乙烯或聚氨酯密封膏将卷材末端收头处密封，并用掺有水泥用量20%的108胶水泥砂浆进行压缝处理。当整个防水层铺贴完成后，用密封材料对全部卷材的搭接缝边进行宽度不低于10mm的密封。

防水层完工后还应作蓄水试验，方法同项目一中的介绍。合格后才可按设计要求进行保护层施工。

三、卷材自粘法施工

1. 滚铺法

滚铺法适用于大面积卷材的铺贴。因为滚铺速度比一般铺法要快些，所以对操作人员的要求较严格，操作人员不仅要配合默契，还要有较熟练的操作技术。

（1）此方法是撕剥隔离纸的同时铺贴卷材。施工时，不能将整卷卷材打开，在卷材中间的纸芯筒内插入一根ϕ30mm×1500mm的钢管，由两人各持钢管一端，将其抬到待铺位置的开始端，一人将卷材向前展开约500mm，然后把开始端的500mm卷材拉起来，另一人撕剥开此处的隔离纸，将其折成条形（或将已剥部分的隔离纸撕断），然后由另外两人各持钢管一端，把卷材抬起（不要太高），对准已弹好的粉线轻轻摆铺，摆铺时要时刻注意长、短方向的搭接，并用手把卷材压实。

（2）开始端的卷材固定后，撕剥端部隔离纸的工人将折好的隔离纸拉出（如撕断则重新剥开），卷到已用过的包装纸芯筒上，同时慢慢把隔离纸剥开，向前移动，与此同时抬卷材的两人顺着基准粉线向前滚铺卷材。

（3）滚铺时，若采用高聚物改性沥青防水卷材，要紧一点儿，不能过于松弛；如果采用的是高分子防水卷材，就应当松弛一些，但不能出现皱折。

（4）每铺完一幅卷材，即从开始端起用长柄滚刷彻底排除卷材下面的空气，然后用大压辊将卷材压实平整，确保其黏结牢固。

2. 抬铺法

把要铺贴的卷材剪好后反铺在屋面平面上，待隔离纸都被剥去后，再铺贴卷材的铺贴方法是抬铺法。

（1）首先应根据屋面形状来剪裁卷材搭接长度，其次要认真撕剥隔离纸。撕剥过程中，为避免隔离纸被拉断，已剥开的隔离纸与黏结面的角度应保持在45°~60°；剥下的隔离纸要放在适合的地方，避免被风吹到已剥去隔离纸的卷材胶结面上，若发生这种情况，要及时用密封材料进行涂盖。

（2）剥完隔离纸后，将卷材的黏结胶面朝外，把卷材沿长向对折。对折后，由两人相互配合对卷材进行翻转，一人拎住半幅卷材，另一人缓缓铺放另半幅卷材。当卷材过长时，可再安排1~2人在搭接边一侧予以配合。铺贴工序的顺利进行，要求各个操作工人用力要均匀，配合要默契。

（3）自粘型卷材与基层的黏结力较低，特别是在低温环境下，对立面或坡度较大的屋面进行卷材铺贴，很容易出现流坠下滑现象。这种情况下，宜用手持式汽油喷灯将卷材底面的胶黏剂适当加热，再进行粘贴和滚压。当卷材铺贴好之后，用长柄滚刷从中间向两侧边缘处滚压，将空气排尽，再用压辊滚压，确保黏结牢固。

3. 搭接缝粘贴

（1）自粘型卷材的上表面有一层防粘层（聚乙烯薄膜或其他材料），在铺贴前，为使搭接缝黏结得足够牢固，可以把相邻卷材待搭接部位上表面的防粘层熔化。操作时，沿搭接粉线用手持汽油喷灯熔烧搭接部位的防粘层即可。在大面积卷材排尽空气并被压实后才能进行卷材搭接。

（2）在黏结搭接缝时，由一人掀开搭接部位的卷材，用扁头热风枪加热此处的胶黏剂，并逐渐前移；紧跟着，另一人对加热后的搭接部位卷材进行由里至外的排气，然后将其滚压平整；最后一人则用手持压辊滚压搭接部位，确保搭接缝密实。适宜的加热程度的标志是胶黏剂经过压实后，在搭接边的末端出现稍稍外溢现象。

（3）搭接缝粘贴密实后，所有搭接缝均使用密封材料封边，宽度不小于 10mm，涂封量的大小要符合材料说明书规定的用量。三层重叠部位的处理与卷材冷粘法操作相同。

第三节　屋面涂膜防水施工

一、涂膜防水屋面构造

涂膜防水屋面构造在防水等级为Ⅲ级、Ⅳ级的屋面防水和Ⅰ级、Ⅱ级屋面多道防水设防的防水层领域应用广泛。

在涂膜防水屋面节点处，如天沟、檐沟、檐口、泛水及水落口等防水薄弱的部位，应加铺一层或两层胎体增强材料的附加防水层，同时，用密封材料对全部的接缝填充密封，使之变成增强的涂膜防水层，抗变形能力得到提高。常见涂膜屋面节点构造做法介绍如下：

1. 屋面板端缝

将空铺附加层设置在屋面板端缝处，每边距板缝边缘不能低于 80mm。在空铺附加层下，把聚乙烯薄膜空铺在板端缝上做缓冲层加以隔离。

2. 天沟、檐沟

把空铺附加层（带胎体增强材料）设置在天沟、檐沟与屋面的交接处，宽度不能低于 200mm。

3. 檐口节点构造

无组织排水檐口的涂膜防水层收头应用防水涂料多遍涂刷或用密封材料封严，檐口下端应作滴水处理。

4. 泛水节点构造

泛水处的涂膜防水层适合直接涂刷到女儿墙的压顶下。对收头进行处理，应用防水涂料多遍涂刷封严，并增设带胎体增强材料的附加层；压顶应作防水处理。

5. 变形缝节点构造

变形缝内填充泡沫塑料，其上放衬垫材料，并用卷材封盖；顶部加扣混凝土盖板或金属盖板。

6. 水落管口节点构造

水落管口处用 C20 细石混凝土找坡，再用 20mm 厚的 1∶2 的水泥砂浆抹面。用密封材料将水落管口的周围嵌填严密，并增设带胎体增强材料附加层，其操作方法同卷材防水层。

7. 伸出屋面管道

管道伸出屋面处应用密封材料嵌填严实，并增设带胎体增强材料的附加层，其做法与卷材防水层做法相同。对涂膜收头的处理，做法是用防水涂料进行多遍涂刷封严。

二、施工准备

1. 技术准备

涂膜防水的技术准备包括以下各项工作：

（1）进行施工前，施工单位要组织相关技术人员仔细研究涂膜防水屋面施工图，详细了解、掌握施工图中的各种细部构造及有关设计要求。

（2）综合考虑涂膜防水施工的技术要求和工程的实际情况，确定施工的技术方案或技术措施，确定质量目标和检验要求。

（3）进行施工前，一定要按照设计要求试验确定每道涂料的涂布厚度和遍数。

（4）施工时，应建立各道工序的自检和专职人员检查制度，并有完整的检查记录。每道工序完成后，由监理单位（或建设单位）检查验收，合格后才能进行下道工序的施工。

（5）涂膜防水屋面工程应由资质审查合格的防水专业队伍进行施工，作业人员必须持有工程所在地建设行政主管部门颁发的上岗证。

（6）向操作人员进行技术交底或培训。

（7）掌握天气情况。

2. 施工机具准备

涂膜防水开始施工前，依照涂料的种类和涂布方法的不同，准备好施工需要的计量器具、搅拌机具、涂布工具及运输工具等。

涂膜施工常用的施工机具见表4–4。实际操作时，所需机具、工具的数量和品种可根据工程情况进行调整。另外，一定要准备好必要的清洗用具和溶剂。

表4–4 涂膜防水施工机具及用途

名称	用途	备注
棕扫帚	清理基层	不掉毛
钢丝刷	清理基层、管道等	—
磅秤、台秤等	配料、计量	—
电动搅拌器	涂料搅拌	功率大，转速较低
铁桶或塑料桶	盛装混合料	圆桶便于搅拌
开罐刀	开启涂料罐	—
棕毛刷、圆辊刷	涂刷基层处理剂	—
塑料刮板、胶皮刮板	涂布涂料	—
喷涂机	喷刷基层处理剂、涂料	根据涂料黏度选用
裁剪刀	裁剪增强材料	—
卷尺	量测检查	长2~5m

3. 材料准备

防水涂料按成膜物质主要成分的不同，可分成沥青基防水涂料、高聚物改性沥青防水涂料和合成高分子防水涂料三种。在施工过程中，可以依照涂料品种和屋面构造形式的需要，在涂膜防水层中增设胎体增强材料。

（1）防水涂料及涂膜防水层基本要求　涂料是靠其中的固体成分形成涂膜的，由于各种防水涂料所含固体的密度相差并不太大，在单位面积用量相同的情况下，固体含量的大小决定了涂膜的厚度，固体含量体现着涂膜质量的高低。涂膜防水层优点：防水能力强；耐久性好，在阳光紫外线、臭氧、大气、酸碱介质长期作用下保持长久的防水性能；温度敏感性低，在高温条件下能够不流淌、不变形，在低温状态下能够保持足够的延伸率，不发生脆断；具有一定的强度和延伸率，在施工荷载作用下或结构和基层变形时不破坏、不断裂；工艺简单，施工方法简便，易于操作和工程质量控制；对环境污染少。

（2）沥青基防水涂料　沥青基防水涂料的定义是，用沥青为基料配制而成的水乳型或溶剂型防水涂料，石灰乳化沥青涂料、膨润土乳化沥青涂料和石棉乳化沥青涂料是施工工程中常见的沥青基防水涂料。

（3）高聚物改性沥青防水涂料　高聚物改性沥青防水涂料是以沥青为基料，用合成高分子聚合物进行改性配制而成的水乳型、溶剂型或热熔型防水涂料，氯丁橡胶改性沥青涂料、丁基橡胶改性沥青涂料、丁苯橡胶改性沥青涂料、SBS 改性沥青涂料和 APP 改性沥青涂料等是施工工程常见的高聚物改性沥青防水涂料。

与沥青基防水涂料相比，高聚物改性沥青防水涂料在柔韧性、抗裂性、强度、耐高低温、使用寿命等方面都有较大的改善。

热熔改性沥青涂料的定义是，沥青、改性剂、各类助剂和填料事先在工厂内合成配制的高聚物改性沥青涂料物体。将其送至现场进行熔化，将熔化的热涂料直接刮涂于找平层上一次成膜设计需要的厚度。热熔改性沥青涂料的防水能力强，耐老化性能好，价格低，在南方的多雨地区应用广泛，不需要养护、干燥时间，涂料冷却后就可成膜，具有设计要求的防水能力，同时能在气温 10℃ 以内的低温条件下施工，这使施工对环境的要求降低了很多。该涂料是一种弹塑性材料，在黏附于基层的同时，可追随基层变形而延展，使防水层不会受到基层开裂的影响，涂料的抗变形能力较强，成膜后会形成连续无接缝的防水层，进而提高了防水质量。

（4）合成高分子防水涂料　合成高分子防水涂料是以合成橡胶或合成树脂为主要成膜物质配制而成的水乳型或溶剂型防水涂料。按照成膜原理的不同，可将合成高分子防水涂料分为反应固化型、挥发固化型和聚合物水泥防水涂料三类。常用的品种有丙烯酸防水涂料、聚氨酯防水涂料、硅橡胶防水涂料、聚合物水泥防水涂料等。

合成高分子材料本身就具备优异的性能，因此以其为原料制成的合成高分子防水涂料强度和延伸率较高，柔韧性良好，耐高低温性能、耐久性和防水能力强。

（5）胎体增强材料　胎体增强材料是指在涂膜防水层中增强用的聚酯无纺布、化纤无纺布、玻纤网格布等材料。

4. 作业条件

（1）找平层经检查验收，质量合格；找平层平整、坚实，没有空鼓、起砂、裂缝和松动、掉灰现象；含水率达到标准。

（2）消防设施齐全，安全设施可靠，劳保用品满足施工操作需要。

（3）进行施工前，一定要安装完毕伸出屋面的管道、设备及预埋件。

（4）找平层与突出屋面结构（女儿墙、山墙、天窗壁、变形缝、烟囱等）的交接处以及基层的转角处应做成圆弧形，圆弧半径不小于50mm。内部排水的水落口周围的基层，要做成略低的凹坑。

（5）涂膜防水屋面严禁在雨雪天和五级风及以上风力天气施工。

三、屋面涂膜防水施工

涂膜防水屋面的施工主要包括板缝嵌填密封材料施工和屋面防水涂料施工两个内容。

1. 防水基层的准备

基层是防水层赖以存在的基层，与卷材防水层相比，涂膜防水对基层的要求更为严格。

（1）坡度　如果屋面坡度太过平缓或坡度达不到设计要求的标准，就会造成积水，引起渗漏。屋面防水是一个完整的概念，必须防排结合，只有在屋面不积水的情况下，防水才具有可靠性和耐久性。对基层进行施工，坡度一定要达到设计要求的标准。

（2）平整度与表面质量　基层的平整度是保证涂膜防水质量的主要条件。基层表面疏松和不清洁或强度太低、裂缝过大，很容易造成涂膜和基层间黏结不牢，甚至导致防水层与基层剥离，引发渗漏。《屋面工程质量验收规范》（GB 50207—2002）第 5.3.13 条要求涂膜防水层与基层应黏结牢固，表面平整，涂刷均匀，不能出现流淌、皱折、鼓泡、露胎体和翘边等现象。

（3）干燥程度　基层的干燥程度显著影响涂膜防水层与基层的结合。基层干燥的程度不高的话，涂料就会渗透不进，施工后在蒸汽压力的作用下，基层和防水层会发生剥离，出现鼓泡现象。

（4）节点细部　屋面板侧壁缝及板端缝应清理干净，在这些板缝中浇注的细石混凝土应浇捣密实，填充在板端缝中的密封材料要黏结牢固，并封闭严密。找平层上要预留出分格缝，并与板端上下对齐，均匀顺直。基层与突出屋面结构（女儿墙、立墙、天窗壁、变形缝、烟囱等）的连接处以及基层的转角处（水落口、檐口、天沟、檐沟、屋脊、管道）等，都要做成半径不小于 50mm 的圆弧。

（5）施工气候条件　施工气候条件影响涂膜防水层的质量和涂料的涂布操作。在雨天或雪天进行防水涂膜施工，不仅会增强施工操作的难度，而且会使水乳型涂料破乳，甚至失去防水作用，还会降低溶剂型涂料各涂层之间、涂层与基层间的黏结力。所以，不论是何种防水涂料，雨天、雪天严禁施工。溶剂型涂料施工气温宜为 -5～35℃，水乳型涂料施工气温宜为 5～35℃。严禁在五级风及以上风力天气进行施工，因为五级风不但影响涂布操作，而且危及防水层质量和人身安全。

2. 板缝嵌填密封材料施工

装配式钢筋混凝土屋面板的板缝内应浇灌细石混凝土，其强度等级不低于 C20 混凝土，混凝土中可添加微膨胀剂。上窄下宽的板缝的宽度在 40mm 以上时，要加设构造钢筋。板缝进行柔性密封处理，非保温屋面的板缝上应预留凹槽，其内嵌填密封材料。

由于涂膜防水屋面是满粘在找平层上的，因此找平层必须具备相当大的强度，宜采用掺有膨胀剂的细石混凝土，强度等级不低于 C20

混凝土，厚度不低于30mm。一旦发现找平层的表面有裂缝，必须立即对其进行修复。

改性石油沥青密封材料嵌填，有两种方法：

（1）热灌法施工

①热灌法工艺施工的密封材料既能用塑化炉进行现场塑化，也可现场搭砌炉灶，用铁锅或铁桶进行加热。加热时，要先将热塑性密封材料装入锅中，装锅容量以2/3为宜，然后用文火慢慢加热，使其熔化。为使锅内材料升温均匀，不会出现老化变质的情况，必须随时进行搅拌。

②加热时，要注意过程中的温度变化，可用200~300℃的棒式温度计测量温度。其具体方法是：把温度计放至锅中心液面下100mm左右处，并不断搅动，温度计停止升温时的温度便是锅内材料的温度。加热温度一般为110~130℃，不得超过140℃。没有温度计时，温度控制以锅内材料液面发亮，且不再起泡，并略有青烟冒出为准。加热温度符合规定的要求时，马上进行浇灌，浇灌时的温度不应低于110℃。在运输距离较长的情况下，用保温桶运输。

③屋面坡度较小时，可使用特制的灌缝车或塑化炉灌缝，用以减轻劳动强度、提高工效。檐口、山墙等节点部位，在灌缝车无法使用或灌缝量不大的情况下，可以使用鸭嘴壶浇灌。为了方便清理，可在桶内涂一层薄薄的机油，撒上少量滑石粉。灌缝时要从最低标高处开始向上连续进行，尽量减少接头。通常情况下，先灌垂直屋脊的板缝，后灌平行处；在纵横交叉处灌垂直屋脊，要向平行屋脊缝两侧延伸出150mm，并留成斜槎，灌缝要求饱满，略高出板缝，并浇出板缝两侧各20mm左右。对于垂直屋脊板缝，应对准缝的中部浇灌；对于平行屋脊板缝，应靠近高侧浇灌。

④把灌缝时溢出两侧的多余材料和从容器中清理出来的密封材料一起重新加热使用，但一次加入量不能超过新材料的10%。灌缝完毕后要及时检查密封材料与接缝两侧面的黏结是否良好，有无气泡。当存在脱开现象和气泡时，用喷灯或电烙铁烘烤后再压实。

（2）冷嵌法施工

①冷嵌法施工一般采用手工操作，或用腻子刀或刮刀嵌填，较为先进的有采用电动或手动嵌缝枪进行嵌填的。用腻子刀进行嵌填时，首先用刀片把密封材料刮到接缝两侧的黏结面上，然后用密封材料把整个接缝填满。嵌填时应注意不让空气混入，并要求嵌填密实饱满。为使密封材料不会粘在腻子刀片上，在嵌填前可以把刀片在煤油中先蘸一下。

②用挤出枪施工时，需按照接缝的宽度选用合适的枪嘴。如果使用筒装密封材料，斜切开后的包装筒塑料嘴可以当作枪嘴来使用。嵌填时，将枪嘴贴近接缝底部，并与移动方向倾斜一定角度，一边挤一边缓缓移动，直到密封材料从底部填满整个接缝处。

③嵌填接缝的交叉部位时，可先填充一个方向的接缝，再把枪嘴插进交叉部位已填充的密封材料内，填好另一方向的接缝。在衔接部位嵌填密封材料，要在已嵌好的密封材料固化前就已经完成。嵌填时，要将枪嘴移动到已嵌填好的密封材料内重复填充，以确保衔接部位嵌填得密实饱满。对接缝端部进行填嵌，仅仅填到离顶端200mm处即可，然后从顶端向已填好的方向填充，这样就确保了接缝端部密封材料和基层之间能够黏结牢固。

④若接缝尺寸太大，宽度超过30mm，或接缝底部呈圆弧形，最好采用二次填充法嵌填，具体的做法是，等先填充的密封材料固化之后，再进行第二次填充。

⑤为了确保密封材料的嵌填质量，要趁嵌填完的密封材料未干时，用刮刀压平与修整。压平时要稍稍用些力，朝与嵌填时枪嘴移动方向相反的方向移动，禁止来回揉压。压平后，即用刮刀朝压平的反方向缓慢刮压一遍，保证密封材料表面平滑。

⑥压平整修结束后，要立即揭除遮挡胶条。一旦发现接缝周围沾有密封材料或留有遮挡胶条胶黏剂的痕迹，就要用相应的溶剂擦除干净。在清洗过程中要注意避免溶剂损坏接缝中的密封材料。

⑦嵌填完毕的密封材料要养护2~3d，养护期间，密封材料一定要保持完整和洁净。如有易碰损或污染的接缝部位，可用胶木板挡住

或粘贴防污胶条来保护。

⑧固化后的密封材料不适宜作为饰面。若考虑整体色彩必须进行饰面时，应选取对密封材料没有化学侵蚀的材料，能够保证密封材料在太阳曝晒、风吹雨淋等不利环境条件下不会出现咬色或变色现象。同时，饰面材料也应有一定的柔韧性，能与密封材料的胀缩相适应。

⑨屋面或地下室等处的接缝，对美观的要求较低。为了避免密封材料直接暴露于空气中或受人为破坏，以延长密封材料的使用寿命，密封材料的表面通常设有符合工程施工标准的保护层。如无设计要求，可使用密封材料稀释剂做涂料，衬加一层胎体增强材料，做成200~300mm 宽的一布二涂的涂膜保护层。

3. 操作要点

按照屋面设计构造层次的要求，涂膜防水屋面防水涂料进行施工的顺序是自下而上，一般包括屋面基层施工、隔气层施工、保温层施工、找平层施工、涂刷基层处理剂、节点和特殊部位增强处理、保护层施工等。其中，屋面基层施工、隔气层施工、保温层施工、找平层施工、保护层施工与卷材防水层屋面防水材料的施工顺序基本相同。下面主要介绍涂刷基层处理剂、节点和特殊部位附加增强处理、涂布防水涂料铺贴胎体增强材料的操作工艺。

（1）涂刷基层处理剂　涂刷基层处理剂的作用主要包括增加基层与防水层的黏结力，堵塞基层毛细孔道，防止水汽上渗到防水层，减少防水层起鼓等方面。

基层处理剂常用防水涂料稀释后使用，其配合比应根据不同防水材料按要求配制。涂刷施工时，先涂刷屋面节点、周边、拐角等部位，然后再进行大面积涂刷。涂刷时要细致，做到厚薄均匀，不能存在漏刷现象，涂料干燥后才能进行下一道工序的施工。

（2）节点和特殊部位附加增强处理　天沟、檐沟、檐口、泛水等部位要加铺宽度不小于 200mm 的胎体增强材料附加层。

水落口是屋面雨水集中的部位，若处理不好，容易引起渗漏，因此，对水落口周围与屋面交接处进行密封处理，然后加铺两层有胎体增强材料的附加层，同时要求涂膜伸入水落口的深度不小于 50mm。

涂膜防水屋面

屋面板纵、横缝以及找平层的分格缝处要增设200~300mm宽的胎体增强材料附加层。

(3) 涂布防水涂料铺贴胎体增强材料

①涂膜防水层厚度。这是涂膜防水屋面最主要的技术要求，过薄会降低屋面整体防水效果，缩短防水层耐用年限；过厚又会造成浪费。涂膜厚度的选用应符合表4-5中的规定。

表4-5 涂膜厚度选用

屋面防水等级	设防道数	高聚物改性沥青防水涂料	合成高分子防水涂料
Ⅰ级	三道以上	—	不应小于1.5mm
Ⅱ级	二道设防	不应小于3mm	不应小于1.5mm
Ⅲ级	一道设防	不应小于3mm	不应小于2mm
Ⅳ级	一道设防	不应小于2mm	—

②涂布顺序。“先高跨后低跨，先远后近，先细部节点后立面、平面”是涂布时需要遵守的基本原则。同一屋面要划分施工段，施工段交界处要设置在变形缝处，根据操作和运输方便确定先后次序。每段中先涂布较远部分，后涂布较近部分；先涂布排水较集中的水落口、天沟、檐沟，后涂布高处的屋脊或天窗下。

③涂料涂布施工。在涂料涂刷时，应根据防水涂料的品种分层分遍涂布。涂层时根据分条间隔方式或倒退方式进行，分隔条的宽度要和胎体材料宽度相同。无论是薄质涂料还是厚质涂料，均不得一次涂成。对于厚质涂料，若一次涂成，涂膜干燥后很容易发生开裂，而薄质涂料涂膜时很难达到规定的厚度。后一遍涂层应待先涂的涂层干燥后方可进行，上、下两层涂布的方向应相互垂直。

④铺设胎体增强材料。加铺胎体增强材料的时间发生在第二遍涂料进行涂布时或第三遍涂刷前。前者为湿铺法，即边涂布防水涂料，边铺展胎体增强材料，边用滚刷滚压；后者为干铺法，即在前一遍涂层干燥后，直接铺设胎体增强材料，并在已展平的表面用橡胶刮板满刮一遍防水涂料。胎体增强材料的铺贴方向是根据屋面坡度进行确定的。屋面坡度小于15%时，可平行于屋脊铺设；屋面坡度大于15%时，应垂直于屋脊铺设。胎体材料长边搭接宽度不能小于50mm，短边搭接不能小于70mm。采用两层胎体增强材料时，上、下层不能垂直铺设，搭接缝应错开，其间距不应小于幅宽的1/3。增强材料的表面要加涂一遍防水涂料。

⑤收头处理。天沟、檐沟、檐口、泛水和立面涂膜防水层收头处理的方式是用防水涂料多遍涂刷密实或用密封材料封边，封边宽度不得小于10mm。收头处的胎体增强材料应裁剪整齐，基层出现凹槽时，压入凹槽，不能出现翘边、皱折、露白等现象。

第四节 屋面刚性防水施工

一、刚性防水屋面节点构造

（1）普通细石混凝土和补偿收缩混凝土防水层，其分格缝宽度以5~30mm为宜，分格缝内应嵌填密封材料，上部应设置保护层。

（2）刚性防水层与山墙、女儿墙交接处，留设30mm宽的缝隙，并用密封材料进行嵌填；泛水处应铺设卷材或涂膜附加层，卷材或涂膜的收头处理要达到卷材防水层和涂膜防水层有关泛水防水构造的相关要求。

（3）刚性防水层与变形缝两侧墙体交接处留设30mm宽的缝隙，并用密封材料进行嵌填；泛水处应铺设卷材或涂膜附加层；变形缝中应填充泡沫塑料，其上填放衬垫材料，并用卷材封盖，顶部应加扣混凝土盖板或金属盖板。

（4）伸出屋面管道与刚性防水层交接处留设缝隙，用密封材料进行嵌填，并应加设卷材或涂膜附加层；收头处应固定密封。

二、材料准备

（1）防水层的细石混凝土适合以普通硅酸盐水泥或硅酸盐水泥为原料。当采用矿渣硅酸盐水泥时，应采取减小泌水性的措施，水泥标号不宜低于42.5。不得使用火山灰质水泥。

（2）根据施工设计的要求配置防水层内的钢筋，如果设计没有特殊要求，可以选取ϕ4mm的乙级冷拔低碳钢丝，钢丝使用前要调直。

（3）在防水层的细石混凝土和砂浆中，粗骨料的最大粒径不宜大于15mm，含泥量不应大于1%；细骨料要选用中砂或粗砂，含泥量不大于 2%；拌和用水是不含有害物质的洁净水。

(4) 对于防水层细石混凝土中使用的膨胀剂、减水剂、防水剂等外加剂，应根据不同品种的适用范围、技术要求加以选择。将外加剂分类，然后存放在阴凉、通风、干燥处保管。运输时，应避免雨淋、日晒和受潮。

(5) 在块材刚性防水层中使用的块材质地要密实，表面要平整，不能出现裂纹、石灰颗粒、灰浆泥面和缺棱掉角现象。

三、屋面刚性防水施工

项目一 普通细石混凝土防水层施工

1. 施工流程

普通细石混凝土防水层施工工艺的先后顺序是：清理基层→找平层、隔离层施工→绑扎钢筋网片→安放分格缝木条、支边模→浇捣防水层混凝土→抹平、收光→养护→分格缝施工。

2. 操作要点

(1) 找平层、隔离层施工 隔离式防水层的定义是屋面结构层与细石混凝土防水层之间加设的隔离层，主要功能是减少结构变形和温度变化对防水层的影响。

隔离层的做法有多种，分石灰砂浆找平层及纸筋灰隔离层、水泥砂浆找平层与毡砂隔离层、油毡隔离层和涂刷隔离剂做隔离层等。找平层、隔离层都要根据施工工艺顺序进行施工。找平层、隔离层结束施工后，要对其加强保护，绑扎钢筋时保护好其表面；浇筑混凝土时保护隔离层的完好无损。

(2) 绑扎钢筋网片 细石混凝土防水层的厚度不应小于 40mm，通常采用 40~60mm，混凝土中间要配置直径为 4~6mm、间距为 100~200mm 的双向钢筋（或钢丝）网片。钢筋要保证调直，不能出现弯曲、锈蚀和油污情况。钢筋网片可绑扎或点焊成型。钢筋网片的位置应处于防水层的中间偏上，保护层厚度不应小于 10mm。分格缝处钢筋必须断开，以保证防水层在该处能够自由伸缩、满足刚性屋面的构造要求。

（3）安放分格缝木条和支边模　细石混凝土防水层的分格缝应设在屋面板的支撑端、屋面的转折处、防水层与突出屋面结构的交接处。在隔离层上对分格缝纵横间距进行弹线定位，间距以不大于6m为宜。分格缝木条应按缝宽和防水层厚度加工，一般上口宽度为30mm，下口宽度为20mm。分格缝木条在水中浸泡后，把隔离剂刷好，然后用水泥砂浆把它固定在隔离层上。安装木条和模板时应找平或拉通线，算出防水层的厚度和排水坡度。分格缝安装的位置要保证准确，起条时必须保证分格缝处的混凝土完好。分隔缝中应嵌填密封材料，上部铺贴防水卷材。

屋面混凝土施工

（4）浇捣防水层混凝土

①混凝土搅拌时，将材料根据要求的配合比有序投入，并拌和均匀。混凝土搅拌时间不能低于2min。

②混凝土的浇捣应按先远后近、先高后低的原则逐个分格进行。一个分格缝内的混凝土要一次性浇捣完成，且不能出现施工缝。

③手推车运送混凝土时，必须架设运输通道，避免压弯钢筋。混凝土应先倒在铁板上，再用铁锹铺设，不得直接倾倒在屋面上。混凝

土使用浇灌斗吊运后分散铺倒，倾倒高度不能高于 1m。

④混凝土从搅拌机出料至浇筑完成，时间不宜超过 2h。在运输和浇捣过程中，要避免混凝土出现分层、离析现象。

⑤混凝土应采用平板振动器振捣，振捣至密实后再用滚筒碾压，直至表面泛浆。分格缝处两边同时铺摊混凝土后，进行振捣，以避免分隔条移位。在振捣过程中，应用 2m 靠尺随时检查，并将表面刮平，便于抹压。

⑥混凝土振捣泛浆后，马上用铁抹子抹平、压实，直到表面平整，达到屋面排水设计要求的标准。在抹平的时候，其表面禁止洒水、加水泥浆或撒干水泥。

⑦混凝土收水后应进行两次压光。收水初凝后，取出分隔条，用铁抹进行第一次压光、修补；终凝前进行第二次压光，使表面平整、光滑、没有抹痕。如有需要，可以进行第三次抹光。混凝土抹压时其表面禁止洒水、加水泥浆或撒干水泥，以免使混凝土表面产生一层浮浆，导致混凝土硬化后发生脱落。

（5）养护　混凝土在浇捣 12~24h 后即能进行至少 14d 的浇水养护，养护初期屋面禁止上人。

（6）防水层节点施工　防水层节点施工应符合设计要求，预留孔洞和预埋件位置应正确。安装管件后，其周围应按设计要求用密封材料填塞密实。

项目二　补偿收缩混凝土防水层施工

补偿收缩混凝土的定义是一种适度膨胀的混凝土。它的制作工艺是在混凝土中掺入适量的膨胀剂或用膨胀水泥。对于补偿收缩混凝土刚性防水层施工，其结构层处理、隔离层施工及分格缝嵌填等工艺要求与普通细石混凝土刚性防水层相同。

1. 施工流程

补偿收缩混凝土防水层施工工艺具体步骤是：清理基层→找平层、隔离层施工→绑扎钢筋网片→安放分格条、支边模→浇捣防水层→抹平、收光→蓄水养护→分格缝施工。

2. 操作要点

（1）拌制补偿收缩混凝土　补偿收缩混凝土原材料的要求及配合比设计和普通混凝土一样。配制补偿收缩混凝土的各种原材料应严格根据质量配合比准确称量，误差不得大于1%。膨胀剂掺量一般为水泥的10%~14%。

采用混凝土膨胀剂拌制混凝土时，材料的加入顺序为：石子→砂→水泥→膨胀剂→干拌30s以上→水。搅拌时间是根据膨胀剂的均匀程度确定的，一般加水后的连续搅拌时间不应少于3min。

（2）浇捣防水层混凝土　每个分格板块内的补偿收缩混凝土的浇筑工作要一次性完成，不得出现施工缝。混凝土铺平后，用平板振动器振实，再用滚筒碾压数遍，直至泛浆。振捣要均匀，密实，不漏振，不过振。混凝土收水后，其表面至少要用铁抹子进行两次抹平，次数至少有两遍。

补偿收缩混凝土的凝结时间一般比普通混凝土略短，因此，其搅拌、运输、铺设、振捣和碾压、收光等工序不能够出现间断，混凝土拌制好之后要及时浇捣在分格板块内。

补偿收缩混凝土的施工温度以5~35℃为宜，施工时应避免烈日暴晒。低温施工时，浇灌温度不能低于5℃。浇灌完毕，待混凝土稍硬后，及时覆盖塑料薄膜或湿草帘进行保温、保湿。

（3）补偿收缩混凝土养护　补偿收缩混凝土的初始养护时间一定要得到控制，浇捣完毕后及时用双层湿草包覆盖。常温下浇筑8~12h，低温下浇筑24h后马上进行为期至少14d的浇水养护，有条件的地区在夏季施工时宜采用蓄水养护。

补偿收缩混凝土不宜长期在高温下养护，主要原因是，在高温条件下，混凝土中的钙凡石结晶体会发生晶性转变，致使混凝土中的孔隙率增加、强度下降、抗渗能力降低。因此，补偿收缩混凝土的养护及使用温度均不应超过80℃。

项目三　水泥砂浆防水层施工

水泥砂浆防水包括普通水泥砂浆防水和聚合物水泥砂浆防水。所用水泥的强度等级通常是不低于 42.5 级的普通硅酸盐水泥或矿渣硅酸盐水泥，砂以中砂或细砂为宜，防水剂以氯化物金属盐类防水剂或金属皂类防水剂为宜，聚合物水泥砂浆则采用氯丁胶乳液或丙烯酸酯共聚乳液、有机硅等。

1. 施工流程

（1）普通水泥砂浆和丙烯酸酯砂浆　普通水泥砂浆和丙烯酸酯砂浆施工的先后顺序为：清理基层→涂刷第一道防水净浆→铺抹底层防水砂浆→搓毛→涂刷第二道防水净浆→铺抹面层防水砂浆→二次压光→三次压光→养护。

（2）阳离子氯丁胶乳水泥砂浆　阳离子氯丁胶乳水泥砂浆施工的先后顺序为：清理基层→涂刷胶乳水泥浆→铺抹底层防水砂浆→搓毛→涂刷第二道防水砂浆→抹水泥砂浆保护层→养护。

2. 操作要点

（1）普通水泥砂浆　基层处理结束后，先均匀地涂刷 1~2mm 厚的第一道水泥净浆；涂刷第一道防水净浆后，即可铺抹两遍 5~7mm 厚的底层防水砂浆；底层砂浆变硬（约经 12h）后，均匀地涂刷第二道防水净浆。

铺抹两遍 5~7mm 厚的面层防水砂浆。头遍砂浆应压实搓毛。头遍砂浆阴干后再抹第二遍砂浆，用刮尺刮平后，再用铁抹子拍实、搓平、压光。当砂浆开始初凝时进行第二次压光。在砂浆终凝前进行第三次压光。

在砂浆终凝后 8~12h、表面呈灰白色时即可开始养护。可以采用覆盖草帘、锯末、淋水等方式进行养护。在条件允许的情况下，可以采用蓄水养护。养护期至少是 14d，养护时的环境温度至少是 5℃。

（2）阳离子氯丁胶乳水泥砂浆　先进行基层处理，然后由上而下在基层表面涂刷一遍胶乳水泥净浆，不能存在漏涂现象。等到结合层胶乳水泥净浆涂层的表面稍干（约 15min）时，抹压第一遍防水砂浆。因胶乳成膜较快，抹压砂浆应顺一个方向迅速地边抹平边压实，一次成活，严禁往返多次抹压，否则会造成胶乳砂浆面层胶膜发生损坏。铺抹时按先立面后平面的顺序施工，通常垂直面抹 5mm 厚左右，水平面抹 10~15mm 厚，阴阳角加厚、抹成圆角。等到第一遍抹压的砂浆初凝后，进行下一层砂浆的涂抹工作。

当防水砂浆初凝（约 4h）后，还需抹一道水泥砂浆保护层。一般情况下，垂直面保护层厚 5mm，水平地面保护层厚 20~30mm。

阳离子氯丁胶乳水泥砂浆必须采取干湿结合养护。龄期 2d 前采取干养护，使面层砂浆接触空气，以便早些形成胶膜。2d 以后再进行 10d 左右的湿养护。

（3）丙烯酸酯砂浆　其防水层施工方法同普通水泥砂浆的施工方法一样，但其养护方法采用的是与阳离子氯丁胶乳水泥砂浆相同的交替养护法。

四、成品保护

刚性防水屋面除采取与卷材防水屋面和涂膜防水屋面相似的成品保护措施外，还应采取以下措施：

（1）刚性防水层内配置的钢筋要轻拿轻放，严禁拖行，否则会碰撞到侧墙的防水保护层。

（2）黏土砂浆、石灰砂浆、水泥砂浆找平层施工后应认真保护，保护初期不得进行其他作业。

（3）细砂隔离层、纸筋灰隔离层、涂刷隔离层等在防水层施工前做好保护工作，避免受雨水冲刷。

（4）块体刚性防水层在铺砌砖块体后，应待砂浆终凝后再做面层，在此期间严禁上人。面层进行施工时，严禁在已铺砌的块体上走车或整车倒灰，要用搭脚手板或垫板。

（5）关注天气变化，防止突然下雨或寒流袭击使刚性防水层或保护层损坏或受冻。

（6）刚性防水层施工的温度以 5~35℃为宜，禁止在负温度或烈日暴晒下施工。

（7）混凝土浇捣 12~24h 后即可浇水养护，养护期至少有 14d。可采用淋水，覆盖锯末、草帘，涂刷养护剂等养护方式进行养护，使防水层始终保持充分湿润状态。严禁养护初期屋面上人。

第五节 瓦屋面防水施工

一、平瓦屋面

1. 材料准备

（1）瓦面材料

①平瓦。平瓦的种类较多，主要有黏土平瓦、水泥平瓦、硅酸盐平瓦、炉渣平瓦等。

黏土平瓦是一种模压成型的烧结瓦，容易受土质、烧结温度的影响，所以在使用前一定要对其进行验收。

②脊瓦。常用的脊瓦有黏土脊瓦和水泥脊瓦。

平瓦、脊瓦的进场要坚持“一批抽检一次”的原则。就其外观而言，边缘要整齐，表面要光滑，不能存在分层、裂纹、露砂、翘曲等现象。

平瓦屋面

（2）木檩条、椽条、封檐板　木檩条、椽条要根据设计要求选择直径的规格，檩条表面需齐平，封檐板需平直。

（3）钢筋、水泥　钢筋、水泥等材料的品种、规格和强度等级要与设计要求相符，经检验合格后才能进入施工现场。

（4）其他材料　卷材、钢钉、顺水条、挂瓦条、木望板等选材应符合设计要求。

2. 平瓦屋面的施工

平瓦屋面构造的施工工艺和做法因基层不同而存在差异。下面仅介绍常用的木望板平瓦屋面和无保温层现浇钢筋混凝土板盖瓦屋面的施工。

项目一 木望板平瓦屋面施工

木望板平瓦屋面施工工艺通常有以下内容：檩条安装、木望板铺钉、卷材防水层施工、钉挂瓦条、上瓦摆瓦、平瓦安装、脊瓦安装、屋面泛水施工等。

（1）檩条安装 檩条中距、接头、屋面排水坡度等要达到设计要求的标准：檩条与檩条接头、檩条与屋架、檩条与山墙之间应固牢；檩条安装要使用拉线操作，以使整个屋面保持平顺。

（2）木望板铺钉 檩条安装经检验达到标准后，便能铺钉木望板。木望板铺钉时，其接头要牢牢地钉在檩条上，不能出现漏钉情况，接头不能集中在某根檩条上。

（3）卷材防水层施工 木望板上加铺卷材，卷材长边应平行屋脊自下而上铺钉；檐口应盖过封檐板上边口 10~20mm；卷材长边搭接至少有 70mm，短边搭接至少有 150mm；搭边要钉牢固，不能出现翘边现象；上下两层短边搭接缝应错开 500mm；卷材用顺水条垂直屋脊方向钉住，间距不大于 500mm。卷材要铺平、铺直，顺水条要钉牢靠，禁止在卷材上随意乱钉。卷材必须完整，不能存在缺边破洞现象。

（4）钉挂瓦条 钉挂瓦条前，按屋面坡面长度和平瓦尺寸来确定瓦条间距，并确定每一排瓦条在坡面上的具体位置。檐口第一根挂瓦条要保证瓦头出檐 50~70mm。屋脊处两个坡面上最上两根挂瓦要保证挂瓦后，在搭盖脊瓦时脊瓦搭接瓦尾的宽度每边至少是 40mm。钉挂瓦条时应自下而上逐排拉线铺钉。为使檐口第一瓦保持平直，檐口条必须比挂瓦条高 20~30mm。

(5) 上瓦、摆瓦　待基层检验合格后，方可上瓦。上瓦必须前后两坡同时、同方向进行，否则会使屋架因受力不均匀而发生变形。摆瓦即把搬到屋面的瓦根据需要摆放在屋面基层上，为安装做准备工作。摆瓦一般有“条摆”和“堆摆”两种做法。

(6) 平瓦安装　平瓦安装的顺序通常是从屋檐右下角开始，自右向左，自下而上。檐口瓦要高出檐口 50~70mm，瓦后爪均应挂在挂瓦条上，与左边、下边两块瓦落槽密合。瓦面、瓦楞保持平直，只有质量合格的瓦才允许铺挂。铺挂时，要确保瓦沟顺直、瓦面平顺、整齐美观。

(7) 脊瓦安装　挂平脊、斜脊瓦时，应拉通线，铺平挂直。脊瓦搭口和脊瓦与平瓦间的缝隙处，一定要用麻刀灰嵌严刮平。脊瓦与平瓦搭接每边至少是 40mm；平脊的接头口要与主导风向保持一致；斜脊接头口向下（即由下向上铺设），平脊与斜脊的交接处要用麻刀灰封严。

(8) 屋面泛水施工　对屋面山檐口、山墙边、烟囱根的泛水的施工处理，必须根据构造的要求严格执行。

项目二　无保温层现浇钢筋混凝土屋面板盖瓦屋面施工

无保温层现浇钢筋混凝土屋面板盖瓦屋面施工工艺一般包括混凝土屋面板施工及养护、找平层施工、防水层施工、平瓦安装、验收等。

(1) 混凝土屋面板施工及养护　双面模板浇筑适用于较大的屋面坡度，单面模板浇筑适用于较小的屋面坡度，混凝土的强度等级通常由设计决定，坍落度通常为 7~9cm。小型振捣器振捣，振捣从檐口往屋脊推进，然后拉通线，用木枋找坡，用抹子压实抹平。用麻袋覆盖、浇水进行保湿养护，养护期至少是 7d。

(2) 找平层施工　找平层一般用 1：（2.5~3.0）的水泥砂浆沿屋面坡度将屋面抹平。

(3) 防水层施工　防水层施工前要根据要求做好斜坡面与立面交接处、天沟、檐沟、女儿墙等部位的防水层的处理工作，再进行防水层施工。防水层一般用25mm×30mm的压毡条将卷材固定在屋面基层上，卷材以自下而上平行屋脊铺贴为宜，搭接方向是顺水流方向。卷材铺设应平顺，搭接长度不宜小于100mm。压毡条的间距以500mm为宜。

（4）平瓦安装　平瓦安装有两种做法：钉挂瓦条安装平瓦和用配合比为1∶3的水泥砂浆铺贴平瓦。

①钉挂瓦条安装平瓦。先在距屋脊30mm处弹一平行屋脊的直线来确定最上一条挂瓦条位置，再在距檐口50mm处弹一平行屋脊的直线来确定最下一条挂瓦条的位置。然后再根据瓦片和搭接要求均分弹出中间部位的挂瓦条位置线。挂瓦条位置线确定后，即可将挂瓦条上棱平齐挂瓦条位置线固定在顺水条上。挂瓦条钉好后经检验达到设计要求标准，便能正式上瓦、摆瓦、安装，具体做法基本上和木望板平瓦屋面施工相同。

②用1∶3的水泥砂浆铺贴平瓦。施工前，先放出屋面轮廓线：先弹屋脊中线，然后从屋檐往上确定第一层瓦的位置（一般按瓦长减屋檐挑出长度50mm计算）；弹出一条直线，与屋脊中线保持平行；再在左右山檐50mm处弹出垂直于屋脊中线的山檐边线，组成屋面轮廓线。预留的挑檐位置是在轮廓线外，轮廓线内再按每片瓦安装模数纵横向弹控制线，控制线根据块瓦的允许调整范围和面积预先排版。屋面瓦片预排合格后，即可上瓦铺贴。铺瓦前，找平层和平瓦要保持湿润状态，铺瓦必须与控制线对齐，自右向左、自下向上铺设，铺设时要进行拉线操作，使瓦底砂浆饱满，瓦面要平顺、整齐划一，瓦下口一定要成一直线。平脊瓦接口应避开当地暴风雨的主导风向。斜脊瓦下口应向下。

二、波形瓦面

1. 材料准备

波形瓦屋面使用的材料主要包括波形瓦、脊瓦、波形瓦固定连接件、保温材料等。

（1）波形瓦　波形瓦有非金属波形瓦和金属波形瓦。非金属波形瓦有大、中、小波纤维水泥瓦之别，包括加压纤维水泥瓦、聚氯乙烯塑料波纹瓦、玻璃钢波形瓦、琉璃型轻质瓦等；金属波形瓦有镀锌薄钢板波形瓦、搪瓷波形瓦及铝波纹瓦等。

①纤维水泥瓦。纤维水泥瓦是一种屋面瓦，其原材料是纤维和水泥，其加工工艺包括制板和压型两个方面。

②加压纤维水泥瓦。加压纤维水泥瓦是一种中波瓦，其原材料是纤维和水泥，其加工工艺包括抄坯、压制和养护三个内容，具有不燃、耐水、绝缘、耐碱侵蚀等性能，并可进行锯、钻、钉加工等。常用的规格尺寸为1 800mm×1 138mm×5mm，波高33mm，波距131mm。

③聚氯乙烯塑料波纹瓦（简称塑料波瓦）。聚氯乙烯塑料波纹瓦是一种屋面瓦，其原料是聚氯乙烯树脂和一些相关配合剂，其加工工艺是塑化、挤出或压型，具有质轻、防水、耐腐蚀、耐晒、强度高、透光率高、色彩鲜艳等特点。

④玻璃钢波形瓦。玻璃钢波形瓦适用于做屋面瓦，其原料包括不饱和聚酯树脂和玻璃纤维，具有质量轻、强度高、耐腐蚀、介电性能好、透微波性好、透光率高、色彩鲜艳等特点。玻璃钢瓦的颜色有白色、浅绿色、天蓝色、黄色、红色等。

⑤琉璃型轻质瓦。琉璃型轻质瓦因表面有一层琉璃质而著称，含有的原材料主要有碱玻璃纤维布、多种化工原料和添加剂。瓦的颜色有淡绿、铁红、群青、酞青绿和白色等多种。

⑥镀锌薄钢板波形瓦。镀锌薄钢板波形瓦属于小波瓦，是由0. 5~1. 0mm厚的镀锌薄钢板辊压成型的，常见规格为长1 800mm，宽600~690mm，波高12. 7~14. 3mm。

⑦搪瓷波形瓦。搪瓷波形瓦属于波形瓦，由钢板经搪瓷覆面后加工而成，常见规格为长2 000mm，宽1 000mm，厚0. 5mm、0. 8mm、1. 0mm。

⑧铝波纹瓦。铝波纹瓦适用于做屋面瓦，由铝材压制而成，具有轻质高强、经久不锈的特点。其类型有氧化和不氧化两种。参考尺寸：长1820mm，宽725mm，厚0. 8mm。

（2）脊瓦　脊瓦品种繁多，生产厂家通常都有其配套产品。使用时应按设计要求选定，其质量要求应符合国家标准。

（3）波形瓦固定连接件　波形瓦固定连接件连接固定的方法和

类别因有檩体系使用的檩条不同而存在差异。常用的固定连接件如表4-6所示。

表4-6　波形瓦固定连接件种类、规格参考

名称	形状图示	材料	规格/mm	说明
镀锌螺钉			6×65×100	适用于木檩条
铁钉			75～100	适用于木檩条
挂钩螺栓		圆钢筋	圆钢筋形状、长度根据檩条尺寸及挂钩方式确定，ϕ6～8	适用于轻钢混凝土檩条
金属垫圈		镀锌铁皮、铁片	ϕ25，中间小孔径比钩、钉直径大1～2mm，弯成弧形	铁片需刷防锈漆
防水垫圈		油毡、毛毡、橡胶	ϕ30左右，厚5mm左右，小孔径比钩、钉直径大1～2mm	毡垫较薄时，可考虑一钉两个

（4）保温材料　波形瓦屋面选用的保温材料为板状保温材料，其质量应符合相应要求。

2. 波形瓦屋面的施工

波形瓦屋面的施工工艺因其构造的不同而存在差异，下面仅介绍有木望板的波形瓦屋面施工工艺。

（1）檩条安装固定　首先根据屋面坡度来分配檩条间距。檩条位置和间距的确定要综合考虑波形瓦长度、搭接长度及波形瓦的出檐口长度，然后拉通线安装，校正合格后固定于屋架或承重墙上，做到整个坡面平顺。

（2）木望板铺钉，卷材防水层铺设　木望板铺钉、卷材防水层铺设方法和平瓦屋面施工一样。

（3）波形瓦的安装 波形瓦可铺设在有木望板的卷材防水层上，无木望板和卷材防水层的直接铺设在檩条上，相邻两瓦的横向搭接宽度：大波瓦、中波瓦不少于半个波，小波瓦不少于一个波。上下两排波瓦的搭接长度依照屋面坡度而定，但通常是150～200mm。对于屋面坡度较小或有大风、暴雨的地区，其上下、左右的搭接尺寸要适当加大。

波形瓦的铺设方法有两种，即切角长边不错缝法和不切角长边错缝法。采用切角长边不错缝铺设时，相邻4块瓦的搭接处应随盖瓦方向的不同将对瓦割角，切记不要切错方位。对角间缝隙以不大于5mm为宜。金属瓦、玻璃钢瓦等薄瓦可不切角；大面积波形瓦铺设宜采用不切角长边错缝法。大波瓦、中波瓦要错开一个波，小波瓦要错开两个波。

波形瓦固定做法因基层不同而存在差异。当有木望板时，波形瓦用镀锌螺钉或镀锌瓦钉穿过木望板，固定在木檩条或钢檩条的垫木上；当没有木望板的时候，用镀锌螺钉或镀锌瓦钉固定在木檩条上，或用镀锌弯钩螺栓固定在钢（或钢筋混凝土）檩条上。瓦钉（螺钉或螺栓）都要带镀锌钢垫圈及橡胶垫圈。瓦钉、螺钉或螺栓一定要设在靠近波形瓦搭接部分的盖瓦波峰上，每张盖瓦的瓦钉（螺钉或螺栓）2个，每排波瓦当中檩条上的相邻两波形瓦搭接处的每张盖瓦上都应设一螺钉（螺栓），每张瓦应有4～6处与檩条固定。为了避免波形瓦发生破裂，固定波瓦的螺钉（螺栓）拧的松紧程度要适宜，以垫圈稍能转动为宜。

屋脊及斜脊可用同类型的脊瓦或镀锌铁皮。其固定方法和波形瓦一样。脊瓦与波形瓦搭接每边不小于150mm；斜沟处镀锌铁皮泛水应伸入波瓦下不小于150mm；檐口波形瓦应伸入檐沟不小于50mm。脊瓦和波瓦空隙处要用麻刀灰或油灰嵌填严密。铁皮的拼接要用双平咬口，咬口折边的方向与流水方向或主导风方向保持一致。

第五章　地下工程防水施工技术

第一节　地下工程防水施工的规范及要求

一、地下工程防水施工的规范

（1）地下防水工程要求施工的队伍必须专业并且具有一定的资质，施工的人员必须持有建设行政主管部门或其指定单位颁发的职业资格证书。

（2）在对地下防水工程进行施工前，施工单位必须仔细阅读工程图纸，掌握工程防水的细部构造及相关技术要求，制订合理的施工方案。

（3）防水材料进入地下防水工程现场前，必须持有法定检测部门签发的产品质量检验报告，并出示产品合格证。

（4）主要建筑材料进入施工现场前，必须根据规定进行抽样复验，提供试验报告。严禁在工程中使用不合格材料。

（5）地下防水工程施工过程中，对于明挖法的基坑以及暗挖法的竖井、洞口，其地下水位必须稳定地保持在基底 0.5m 以下，必要时还要采取降水措施。

（6）地下防水工程的施工，要建立“三检制度”，即各道工序的自检、交接检和专职人员的检查记录保持完整。下道工序的施工只有在上道工序得到建设（监理）单位检查确认后才能进行。

（7）地下防水工程的防水层，在雨天、雪天和五级风及其以上的天气下不得施工。

二、地下防水工程施工质量要求

（1）地下防水工程施工的验收要根据工序或分项进行，分项工程中的各检验批要达到本规范相应质量规定的标准。

（2）地下建筑防水工程的质量要求。

①防水混凝土的抗强度和抗渗性必须达到设计要求的标准。

②混凝土表面要平整，不能出现露筋、蜂窝等现象；裂缝宽度要达到设计要求的标准。

③水泥砂浆防水层要密实、平整、黏结牢固，不能出现空鼓、裂纹、起砂、麻面等现象；防水层厚度要达到设计要求的标准。

④卷材接缝要黏结牢固、封闭严密；防水层不能出现损伤、空鼓、皱折等现象。

⑤涂层要黏结牢固，不能出现脱皮、流淌、鼓泡、露胎、皱折等现象；涂层厚度要达到设计要求的标准。

⑥塑料板防水层要铺设牢固、平整，搭接焊缝严密，严禁出现焊穿、下垂和绷紧现象。

⑦金属板防水层焊缝严禁出现裂纹、未熔合、夹渣、焊瘤、咬边、烧穿、弧坑、针状气孔等现象；防锈处理要达到设计要求的标准。

⑧变形缝、施工缝、后浇带、穿墙管道等防水构造要达到设计要求的标准。

（3）隧道防水工程的质量要求。

①渗漏水量控制在防水等级标准规定的范围内。

②内衬混凝土表面要平整，不能出现孔洞、露筋、蜂窝等现象。

③盾构法隧道衬砌自防水、衬砌外防水涂层、衬砌接缝防水和内衬结构防水要达到设计要求的标准。

④锚喷支护、地下连续墙、逆作结构等防水构造要达到设计要求的标准。

（4）排水工程的质量要求。

①排水系统要保证排水的畅通。

②反滤层的砂、石粒径，含泥量和层次排列要达到设计要求的标准。

③排水沟断面和坡度要达到设计要求的标准。

（5）注浆工程的质量要求。

①注浆布孔的间距、深度及数量要达到设计要求的标准。

②注浆效果要达到设计要求的标准。

③地表沉降控制要达到设计要求的标准。

（6）地下防水工程隐蔽验收记录应包括以下主要内容：

①卷材和涂料防水层的基层。

②防水混凝土结构和防水层遭到掩盖的部位。

③变形缝和施工缝等的防水构造和做法。

④管道设备穿过防水层需要封固的部位。

⑤渗排水层、盲沟及坑槽。

⑥衬砌前对围岩渗漏水进行处理。

⑦基坑有超挖和回填现象。

（7）地下防水工程施工结束后，施工单位对施工过程中的所有资料进行整理和仔细查验，确认合格后，将工程验收申请交由总监理工程师（建设单位项目负责人）审核。

（8）地下防水工程的验收工作要由总监理工程师（建设单位项目负责人）和施工单位技术质量负责人根据设计要求、本规范及有关标准的规定共同完成。

（9）地下防水工程验收后填写的交工验收记录和验收检查资料要一式两份，一份上交建设单位进行存档，另一份则由施工单位自己存档。

三、地下防水工程施工应注意的问题

（1）基坑挖土通常要预留少量厚度（约300mm），在底板施工前再一次挖清，理论上不可以扰动原状土。遇到超挖的情况时要用C10混凝土进行填平。进行开挖时，地下水位要保持在工程底部500mm以下，直到回填结束。

（2）回填要求。

①基坑内杂物要清理干净，不能存在积水。

②在靠近地下工程周围800mm以内的范围要用2∶8的灰土、黏土或亚黏土进行回填，不能存在石块、碎砖、灰渣和有机杂物。回填要对称进行，分层进行夯实，人工夯实层的厚度不能大于300mm。分层夯实后，取样的表观密度至少要有15g/cm^3。

③工程顶部回填厚度只有超过500mm，才能采用机械碾压。

（3）在进行防水混凝土和附加防水层施工时，要采取措施进行防雨。

（4）新型建筑防水材料经质量检验部门检测合格后，才能进入工程现场。

第二节　地下卷材防水施工

卷材防水层适用于受侵蚀性介质作用，或受震动作用的地下工程需防水的结构。铺设卷材的基层必须坚实、平整，洁净，不能有突出的尖角和凹坑或表面起砂现象。

一、地下防水卷材构造

地下防水工程一般把卷材防水层放置在建筑结构的外侧，这种方

法可以借助土压力将防水层压紧，并使防水层与结构一起抵抗地下压力水的渗透和侵蚀作用。根据卷材地下维护结构施工的先后顺序，卷材的构造做法可以分为外防外贴法和外防内贴法。

二、施工准备

1. 技术准备

（1）卷材防水层施工前，应进行详细的技术交底，使所有施工人员了解技术要求，掌握工艺流程和操作工艺要求。

（2）卷材防水层要求施工的队伍必须具有一定的资质，施工的人员必须持有职业资格证书。

（3）原材料、半成品通过定样、检查（试验）、验收。

2. 施工机具准备

卷材防水施工的主要机具有垂直运输机具和作业面水平运输机具，以及铺贴施工中的压辊、喷灯、热熔所需的小型机具。冷粘法常用施工机具见表5-1，热熔法常用施工机具见表5-2。

表5-1 冷粘法常用施工机具

名称	规格	用量	用途
小平铲	小型	3把	清理基层
扫帚		8把	清理基层
钢丝刷		3把	清理基层
高压吹风机		1台	清理基层
铁抹子		2把	修补基层及末端收头
皮卷尺	50m	1只	测量弹线
钢卷尺	2m	5只	测量弹线
小线绳		50m	测量弹线
彩色粉		0.5kg	测量弹线
粉笔		1盒	测量弹线

（续）

名称	规格	用量	用途
搅拌用木辊	ϕ20mm×1900mm	5 根	搅拌材料
开桶 33		2 把	开桶
剪刀		5 把	剪裁卷材
铁桶	10L	2 个	黏结剂容器
小油漆桶	3L	5 把	黏结剂容器
油漆刷	5cm、10cm	各 5 把	涂刷黏结剂等
漆刷	ϕ60mm×300mm	15 把/1 000m^2	涂刷黏结剂等
橡胶刮板	30kg	3 把	涂刷黏结剂等
铁管	ϕ40mm×50mm	2 根	展铺卷材
铁压辊		2 个	压实卷材用
手持压辊		10 个	压实卷材用
安全带		5 条	安全防护
棉丝		10kg/1 000m^2	擦拭工具等
工具箱		2 个	存放工具

表 5-2 热熔法常用施工工具

名称	规格	用量	用途
单头热熔手持喷枪		2~4 把	
移动式乙炔喷枪	专用工具	1~2 把	烘烤热熔卷材
手持喷灯		2~4 个	
高压吹风机	300W	1 台	
小平铲	50~100mm	若干	清理基层
扫帚、钢丝刷	常用	若干	
铁桶、木棒	20L、1. 2m	各 1 个	搅拌、盛装底涂料
长把滚刷	ϕ60mm×250mm	5 把	涂刷底涂料
油漆刷	50~100mm	各 5 把	

（续）

名称	规格	用量	用途
裁刀、剪刀、壁纸刀	常用	各5把	剪裁卷材
卷尺、盒尺、钢板尺		各2个	丈量工具
粉线盒		1个	弹基准线
手持铁压辊	ϕ40mm×（50~80mm）	5个	压实搭接边卷材
射钉枪、铁锤		各5把	末端卷材钉压固定
干粉灭火器		10台	消防备用
铁铲、铁抹子		各2把	填平找平层及女儿墙凹槽
手推车		2辆	搬运机具
工具箱		2个	存放工具

3. 作业条件

（1）基层做好，经验收合格。

（2）地下结构基层表面应平整、牢固，不得有起砂、空鼓等缺陷。

（3）基层表面洁净干燥，含水率不宜超过9%。

4. 材料准备

地下工程的卷材防水层，要求防水部位的结构具有足够的坚固性，能够为卷材防水层同防水结构共同工作提供条件。结构基层要坚固，不然卷材防水层会受外力作用发生变形、开裂，进而导致防水能力的降低。因此，卷材防水层适用于铺贴在整体的混凝土结构基层上，以及铺贴在整体的水泥砂浆等找平层上。

铺贴卷材的基层表面要牢固平整、清洁干净。转角处做圆弧形或成钝角。卷材铺贴前应使基层表面干燥。在垂直面上铺贴卷材时，为提高卷材与基层的黏结性，应满涂冷底子油；而在平面上，卷材防水层上因为设有底板或保护层，避免了滑脱或流淌现象，可以不涂刷冷底子油。

地下防水使用的卷材要求抗拉强度高，延伸率大，膨胀率小，具有良好的韧性、耐腐蚀性和不透水性，可以选用品质优良的沥青卷材或新型防水卷材，如高聚物改性沥青防水卷材、合成高分子防水卷材。

三、卷材防水层施工工艺

地下防水工程的外防水是指在建筑结构的外侧设置卷材防水层进行防水的方式。与卷材防水层设在结构内侧的内防水相比，它具有以下优点：外防水的防水层在迎水面，受压力水的作用紧压在结构上，防水效果良好；而内防水的防水层在背水面，受压力水的作用容易局部脱开。相较于内防水，外防水发生渗漏的概率较小，所以在防水工程中使用较广。

1. 基层清理

基层表面应平整坚实，转角处应做成圆弧形，局部孔洞、蜂窝、裂缝应修补严密；表面应清洁，不能有起砂、脱皮现象；表面应干燥，并涂刷基层处理剂，可通过涂刷湿固化型胶黏剂或潮湿界面隔离剂保持干燥。界面处理剂干燥后方可进行下一道工序的施工。

2. 基层弹分条铺贴线

在处理好的基层上，根据卷材的铺贴方案，弹出每幅卷材、贴线，并确保其整齐。后面上层卷材铺贴时，同样要在铺贴好的卷材上弹铺贴线。

3. 外防水设置

外防水的设置方法包括外防外贴法和外防内贴法两种。

（1）外防外贴法　外防外贴法是把立面卷材防水层直接铺设在需防水结构的外墙外表面的做法。外贴法的施工操作要点如下：

①首先对需要防水结构的底面混凝土垫层进行浇筑。

②垫层上砌筑永久性保护墙，墙下铺一层干油毡；墙的高度不小于需防水结构底板厚度再加 100mm。

③在永久性保护墙上用石灰砂浆接砌 300mm 高的临时保护墙；

永久性保护墙上抹配合比为 1∶3 的水泥砂浆找平层，临时保护墙上抹石灰砂浆找平层，并刷石灰浆；如用模板代替临时性保护墙，应在其上涂刷隔离剂。

④找平层基本干燥后，即可根据所选卷材的施工要求进行铺贴；卷材在进行大面积铺贴之前，一定要事先在转角处粘贴一层卷材附加层，然后进行大面积铺贴，先铺平面，后铺立面。

⑤卷材防水层在垫层和永久性保护墙上要空铺，在临时保护墙（或模板）上要临时贴附，并分层临时固定在其顶端；浇筑需防水结构的混凝土底板和墙体。

⑥主体结构完成后，铺贴立面卷材时，要先将接掩蔽部位的各层卷材揭开，然后将其表面清理干净，如果卷材局部有损伤，要及时对其进行修补。

卷材接槎的搭接长度，高聚物改性沥青卷材为 150mm，合成高分子卷材为 100mm。使用两层卷材的时候，卷材要错掩蔽接缝，上层卷材盖过下层卷材。砌筑永久保护墙，并每隔 5~6m 及在转角处断开，断开的缝中填以卷材条或沥青麻丝；对保护墙与卷材防水层之间的空隙要一边砌一边用砌筑砂浆填实，保护墙做好后才能回填土。

（2）外防内贴法　外防内贴法的具体做法是先浇筑混凝土垫层，然后在垫层上将永久保护墙全部砌好，最后将卷材防水层铺贴在垫层和永久保护墙上。

内贴法施工顺序是：在混凝土底板垫层做好后，先在四周砌筑铺贴卷材防水层用的永久性保护墙，在垫层和保护墙上抹水泥砂浆找平层，等到找平层干燥的时候，再涂刷一道冷底子油，然后铺贴卷材防水层。铺贴墙面卷材时要先贴重点面，后贴水平面，这种做法不仅方便施工操作，还能防止底板面的卷材防水层受损。贴墙面卷材时，应先贴转角，后贴大面，然后再做卷材防水层的保护层。垂直面的保护层做法是：在对墙面进行防水层的最后一层沥青胶结材料的涂刷时，趁热粘上干净的热砂或散麻丝，使防水层表面粗糙，等到冷却后马上铺抹一层 10~20mm 厚、配合比为 1∶3 的水泥砂浆保护层。水平面上卷材防水层的保护层做法，与外贴法相同。保护层做完以后，才能进行构筑物底板和墙身的施工。

四、变形缝的防水处理

用加防腐填料的沥青浸过的毛毡、麻丝或纤维将不承受水压的地下结构变形缝填塞严密，然后用防水性能优良的油膏将缝密封。

承受水压的地下结构变形缝处除填塞防水材料外，还要装入止水带，使结构变形时能够保持较好的防水能力。止水带分为金属止水带和橡胶、塑料止水带。在对环境温度高于 50℃ 时的变形缝进行处理时，可采用 2mm 厚的紫铜片或 3mm 厚的不锈钢等金属止水带，其中间呈圆弧形。

五、质量检验

1. 明确卷材防水有关规定

（1）卷材防水层经常铺贴在受侵蚀性介质或受震动作用的地下工程主体迎水面上。

（2）卷材防水层应采用高聚物改性沥青防水卷材和合成高分子防水卷材。所选用的基层处理剂、胶黏剂、密封材料等配套材料，均应与铺贴的卷材材性相容。

（3）防水卷材铺贴前，找平层上清扫干净，基面上涂刷基层处理剂；为使基面保持干燥，要涂刷湿固化型胶黏剂或潮湿界面隔离剂。

（4）防水卷材厚度选用应符合表 5-3 中的规定。

（5）两幅卷材短边和长边的搭接宽度至少是 100mm。采用多层卷材时，上下两层和相邻两幅卷材的接缝应错开 1/3 幅宽，两层卷材不得出现相互垂直铺贴的现象。

表 5-3 防水卷材厚度

防水等级	设防道数	合成高分子防水卷材	高聚物改性沥青防水卷材
1 级	三道或三道以上设防	单层：不应小于 1.5mm；双层：每层不应小于 1.2mm	单层：不应小于 4mm；双层：每层不应小于 3mm
2 级	二道设防		
3 级	一道设防	不应小于 1.5mm	不应小于 4mm
	复合设防	不应小于 1.2mm	不应小于 3mm

（6）冷粘法铺贴卷材要与以下规定相符：胶黏剂涂刷应均匀，不露底，不堆积；铺贴卷材时，胶黏剂涂刷与卷材铺贴的间隔时间要把握好，排除卷材下面的空气，并辊压黏结牢固，不能出现空鼓；铺贴的卷材要平整、顺直，搭接的尺寸要正确，不能出现扭曲、皱折；接缝口应用密封材料封严，其宽度不应小于 10mm。

（7）热熔法铺贴卷材应符合热熔法铺贴卷材下列规定：火焰加热器对卷材进行均匀加热，不能过分加热或烧穿卷材；厚度小于 3mm 的高聚物改性沥青防水卷材，严禁采用热熔法施工；卷材表面热熔后应立即滚铺卷材，将卷材下面的空气排除掉，然后将其辊压黏结牢固，不能出现空鼓；滚铺卷材时，接缝部位必须溢出沥青热熔胶，并应随即刮封接口，使接缝黏结严密；铺贴后的卷材要平整、顺直，搭接的尺寸要正确，不能出现扭曲、皱折。卷材防水层做好并经验收合格后要及时做保护层。

（8）保护层应符合下列规定：顶板的细石混凝土保护层与防水层之间宜设置隔离层；底板的细石混凝土保护层厚度要超过 50mm；侧墙以采用聚苯乙烯泡沫塑料保护层为宜，或砌砖保护墙（边砌边填实）和铺抹 30mm 厚的水泥砂浆。

2. 质量检验

地下工程卷材防水层施工规定质量的检验数量是铺贴面积每 $100m^2$ 抽查一处，每处 $10m^2$，至少 3 处。

热熔法铺贴卷材

第三节　地下涂膜防水施工

涂膜防水层是指在自身具有一定防水能力的混凝土结构表面上多遍涂刷一定厚度的防水涂料，固化成膜形成防水层面的做法。随着我国涂膜技术的迅速发展，防水涂膜的防水效果在实践中得到了很好的验证。由于其施工工艺简单，容易修缮，在防水工程领域应用广泛。地下工程涂膜防水层按其涂刷于结构的位置不同可分为3类：涂刷于结构内侧（背水面）的是内防水；涂刷在结构外侧（迎水面）的是外防水；内外两面都要涂刷的是双面防水。

同屋面防水涂料种类大致一样，常用防水涂料种类有SBS改性沥青防水涂料、聚氨酯防水涂料、高分子益胶泥、丙烯酸酯防水涂料、JS复合水泥基防水涂料、渗透结晶水泥基防水涂料等。

一、聚氨酯防水涂膜施工

聚氨酯防水涂膜产品具备不少优点：无毒、无污染，对环境保护有利；性能稳定；黏结能力强；具有良好的延伸性；抗拉强度高；即使在潮湿的基面上也能施工。

1. 施工工具

拌料桶、小型油漆桶、橡皮塑料刮板、铁皮小刮板、扫帚、墩布、喷灯、磅秤、小锤子、铲刀、高压吹风机、小平铲、壁纸刀、尼龙刷或专用喷枪、消防器材等。

2. 施工工艺

施工步骤：基层清理→基层干燥度测检→涂刷基层处理剂（冷底子油）→配料搅拌→节点增强处理→第一遍涂刷→干燥→第二遍涂刷→干燥→检查漏刷点→第三遍涂刷→干燥→自检→隐蔽工程及验收。

（1）基层处理：砂浆找平层表面不仅要平整、密实，还要进行充分养护；转角处根据设计要求抹成50°斜角；防水层施工前一定要进行含水率测试，测试时将一卷材平坦地铺在基层上，静置3h后掀开检查，覆盖部位和卷材没有水印存在即可施工；把基层表面的尘土、砂粒、碎石、杂物、油污和砂浆凸起物等清除干净。

（2）节点部位做附加增强处理：在大面积涂膜施工前，要在地下室拐角及转角、施工缝、后浇带等部位及屋面的落水口、板端缝、阴阳角、天沟、檐口等节点部位做附加增强处理，做法是铺设两层胎体增强层，板缝处做空铺附加层。在板端缝和阴阳角增强层和空铺层铺设胎体材料的时候，每边宽度和中心的距离要小于80mm。铺贴时注意要松弛，禁止拉伸过紧和出现皱折。

做附加增强处理部位的涂膜厚度至少是2.5mm，胎体增强材料采用聚酯无纺布，胎体增强材料下面的涂层厚度至少是1mm。此外，不能有胎体外露现象。

（3）配料拌和：甲、乙料按 1∶2 的比例配制，使用电动搅拌机充分搅拌，以达到甲、乙组分的充分反应。

（4）根据设计要求涂刮第一遍，除了要刮平，每遍的厚度不能超过 0.7mm。

（5）第一遍固化后，先做检查工作，对于个别起泡处，应先挖掉补回，再做第二遍涂刷，第二遍涂刷的方向应与第一遍垂直，厚度约为 0.8mm。

（6）待第二遍干燥固化后，再做检查工作，经检查合格后进行第三遍涂刷，厚度为 0.5mm。

涂刷防水涂膜

（7）防水施工结束后，仔细检查防水层是否平整、均匀，有无脱皮、气泡、裂缝、鼓泡等现象，如有，必须局部挖掉补回，取样测量，达到设计要求的厚度标准即可。

3. 操作技巧

（1）聚氨酯涂膜防水层采用冷施工。由于有挥发性溶剂存在，所以施工现场要严禁烟火，并切实做好防火准备，消防器材一定要配备好；材料存放处必须保持阴凉通风，严禁烟火。

（2）涂膜施工程序为：先节点，后大面；先远处，后近处。只有将全部节点附加层涂刮完毕后，才能进行大面积防水层的涂刮。先做较远的防水，后做较近的，防止操作人员踩踏已完工的涂膜。施工区域必须做好必要的、醒目的围护工作（周围提供必要的通道），严禁无关人员行走践踏。

（3）涂料甲、乙组分应严格按要求配比，充分搅拌均匀。

（4）涂料涂刷前应先在基面上涂一层与涂料性能相容的基层处理剂。

（5）涂膜要多遍完成，只有前遍涂层干燥成膜后，涂刷才能进行。

（6）每遍涂刷时应交替改变涂层的涂刷方向，同层涂膜的先后搭接宽度宜为30~50mm。

（7）涂料防水层的施工缝（甩槎）要保护好，搭接缝的宽度要超过100mm，接涂前要将其甩槎，并把其表面处理干净。

（8）涂刷程序应先做转角处、穿墙管道、变形缝等部位的涂料加强层，后进行大面积涂刷。

（9）涂料防水层中铺贴胎体增强材料，同层相邻的搭接宽度要超过100mm，上、下层接缝要错开1/3的幅宽。

（10）聚氨酯涂膜施工要求的施工队必须专业，且有一定的资质。

二、渗透结晶水泥基涂膜防水层施工

水泥基渗透结晶型防水涂料是以硅胶盐类水泥、石英砂等为基材，掺入活性化学物质组成的刚性防水涂层材料。它防水的原理是：可以渗透到混凝土内部，在混凝土中形成不溶于水的结晶体，填塞毛细孔道，进而使混凝土变得致密，能够起到防水的作用。该材料无毒、无味、无污染；一般是现场加水拌和，运输、贮存方便。该施工具有方法简单、操作方便、防水层有裂缝自愈能力、不怕磕碰、能承受一定的外力的优点；不足的是，没有抗变形的能力。在工业与民用建筑的地下工程、地下铁道及涵洞的防水工程领域使用广泛。

1. 施工工具

手提式搅拌器、拌料桶、盛料桶、尼龙刷（或专用喷枪）、胶皮手套等。

2. 施工工艺

施工步骤：基层清理→基层润湿→配料搅拌→喷（涂）刷涂料→养护→检查验收。

（1）基层处理　混凝土垫层或竖向砖胎模表面要平整，对疏松浮渣、凸起、起壳部位要进行铲除，然后用水清洗干净。基层表面应洁净，浮灰、水泥浮浆及油垢等需用水清洗干净。基层阴阳角处做成圆弧形。

（2）基层润湿　湿润是水泥基渗透结晶型防水涂料在混凝土中形成结晶的重要条件，所以混凝土要用水浸透，以加强表面的虹吸作用，但不能有明水。

（3）配料搅拌　把 25kg 的粉料缓倒入 6L 清洁的凉水中，用电动搅拌器充分搅拌，直到完全均匀，静置熟化约 3min，再搅拌 30s，然后采用涂刷法施工，调好的浆料在 1h 内要用完。

（4）喷（涂）刷涂料　涂层厚 1.0mm，十字交叉至少涂刷两层（按设计要求处理），待本层已固化并产生足够强度后方可进行下一层施工。当第一层初凝后仍呈潮湿状态时（即 48h 内）才能进行第二层涂刷，若太干，就要先喷洒些水。

（5）养护　必须在初凝后使用喷雾式养护方式，必须用净水，一定要避免涂层被破坏。通常情况下每天要喷水 3 次，连续 2～3d，避免涂层出现过早干燥情况。

必须在施工后 48h 内避免雨淋、霜冻、烈日暴晒、污水及 2℃以下的低温。施工期间，晚上气温较低的话，用湿草袋将涂层覆盖好，如果保护层是塑料膜，一定要注意架开，确保涂层能够“呼吸”和通风。

（6）检查验收　被检查的部位在检查后对破损面两次修补涂刷。

3. 操作技巧

（1）上岗的作业人员必须持有职业资格证，原材料须经检查鉴定。

（2）混凝土浇筑后的 24~72h 为使用该类涂料的最佳时段，因为新浇筑的混凝土仍然潮湿，所以基面预喷少量水即可。

（3）施工刷喷涂时需用半硬的尼龙刷，不宜用抹子、滚筒、油漆刷或油漆喷枪。涂层涂刷时要均匀有力，不能出现遗漏的地方。为使凹凸处都能均匀地涂上料，可以采用来回纵横刷的方法。

（4）对承台、基础梁、基槽的阴阳角，必须注意将涂料涂匀；阳角要刷到；阴角及凹陷处不要堆积太厚的涂料，以免发生开裂。

（5）厚度控制。

①对涂料用量进行控制：每平方米大于 1.5kg，并且要涂刷均匀。

②采用直测法控制：把局部铲破，直接对涂层厚度进行测量，以 $100m^2$ 三点，每超过 $100m^2$ 增加一点为标准。

③被检查的部位在检查后对破损面两次修补涂刷：要是涂膜厚度与设计要求不符，一定要进行补涂。

（6）涂料防水层的施工缝（甩槎）应注意保护，接缝搭接宽度大于 100mm，接涂前应将其甩槎并对表面进行清洁处理。

（7）大风天气不宜施工，防止涂层过快干燥，造成表面起皮而影响渗透。施工的环境温度至少是 5℃，施工时间不能安排在早晚气温较低的时段。

（8）正式施工前，由相关技术管理人员对操作人员进行施工技术交底。

第四节 地下混凝土防水施工

防水混凝土的定义是经各种技术处理，达到具有结构自防水目的，同时使工程结构本身的混凝土达到一定的密实性，从而实现防水功能的做法。

防水混凝土适用于抗渗等级不小于 P6 的地下混凝土结构，不适用于环境温度高于 80℃的地下工程。

本节主要介绍防水混凝土涉及的施工工艺：普通防水混凝土施工、大体积防水混凝土施工、防水混凝土冬期施工。

一、普通防水混凝土施工工艺

1. 基坑排水和垫层施工

在终凝前防水混凝土严禁被水浸泡，因为浸泡会影响它的正常硬化，导致强度和抗渗能力降低。所以，作业前需要做好基坑的排水工作。混凝土主体结构施工前，需做好基础垫层混凝土，使其确实起到防水辅助防线功效，保证主体结构施工的正常进行。其通常做法是，在基坑开挖后，铺设 300～400mm 厚的毛石做垫层，其上铺设约 50mm 厚、粒径为 25～40mm 的石子，石子经过夯实或碾压后，再浇灌 100mm 厚的 C15 混凝土作为找平层。

2. 模板支设

（1）模板要平整，拼缝要严密。模板要具备足够的刚度、强度，较小的吸水性，支撑要牢固，装拆要方便，最好为钢模、木模。

（2）一般情况下不宜用螺栓或铁丝贯穿混凝土墙固定模板，否则会沿缝隙渗水，如果条件允许，可以使用滑模施工。

（3）固定模板时，不得用铁丝穿过防水混凝土结构，否则混凝土内部会形成渗水通道。如果必须用对拉螺栓来固定模板，则在预埋套管或螺栓上至少应加焊（必须满焊）一个直径为80~100mm的止水环。如果止水环是满焊在预埋套管上的，拆模后要拔出螺栓，并用膨胀水泥砂浆封堵套管；如止水环是满焊在螺栓上的，在拆模后，则应将露出的防水混凝土的螺栓两端多余部分割去。

3. 钢筋施工

（1）严禁防水混凝土结构内部的各种钢筋或绑扎铁丝接触模板。用于固定模板的螺栓必须穿过防水混凝土结构时，可使用工具式螺栓或螺栓加堵头，且在螺栓上应加焊方形止水环。拆模后用密封材料对留下的凹槽进行封堵，密实后用聚合物水泥砂浆抹平。

（2）摆放垫块，留设钢筋保护层。其中钢筋保护层厚度，要符合设计要求，不得存在负误差。通常情况下，迎水面防水混凝土的钢筋保护层厚度至少为35mm，若直接处于侵蚀性介质中时，不应小于50mm。

设置保护层，用一样配合比的细石混凝土或水泥砂浆制成垫块，将钢筋垫起，不得用钢筋垫钢筋，或将钢筋用铁钉、铅丝直接固定在模板上。

（3）架设铁马凳，钢筋和绑扎铁丝都能与模板接触；采用的铁马凳不能被取掉时，要在铁马凳上加焊止水环。

（4）混凝土拌制与运输。应采用机械对防水混凝土拌和物搅拌，搅拌时间不宜小于2min。掺外加剂时，搅拌时间由外加剂的技术要求确定。

混凝土在运输过程中，应注意防止产生离析及坍落度和含气量的损失，并要防止漏浆。拌好的混凝土必须立即用于浇筑，在常温下要在0.5h内运到现场，在初凝前完成浇筑。当运送距离远或气温较高时，可掺入缓凝型减水剂。浇筑前发生显著泌水离析现象时，将加入适量的原水灰比的水泥复拌均匀后，即能进行浇筑。

4. 混凝土浇筑

浇筑前，对模板内部进行清洁处理，木模用水湿润。浇筑时，如果入模自由高度超过了 1.5m，那么混凝土的送入必须使用串筒、溜槽或溜管等辅助工具，否则会出现离析，导致石子滚落堆积，进而影响质量。

如遇防水混凝土结构中有密集管群穿过处、预埋件或钢筋稠密处、浇筑混凝土有困难时，则需采用相同抗渗等级的细石混凝土浇筑；如果要预埋大管径的套管或面积较大的金属板，则要在其底部开设浇筑振捣孔，这种做法便于排气、浇筑和振捣。

混凝土运输、浇筑及间歇的全部时间不得超过允许时间，如表 5-4 中的规定。如果超过允许时间，就必须留设施工缝。

表 5-4 混凝土运输、浇筑及间歇的允许时间（min）

混凝土强度等级	气温	
	不高于 25℃	高于 25℃
不高于 C30	210	180
高于 C30	180	150

防水混凝土应连续浇筑，宜少留施工缝。当留设施工缝时，不应留在剪力最大处或底板与侧墙的交接处，应留在高出底板表面不小于 300mm 的墙体上。拱（板）墙结合的水平施工缝适合留在拱（板）墙接缝线以下 150~300mm 处。若墙体有预留孔洞，施工缝距孔洞边缘不应低于 300mm。垂直施工缝不能留设在地下水和裂隙水较多的地段，要与变形缝相结合。

5. 混凝土振捣

应采用混凝土振动器对防水混凝土进行振捣。当用插入式混凝土振动器时，插点之间距离不宜大于振动棒作用半径的 1.5 倍，振动棒与模板之间的距离，不宜大于其作用半径的一半。振动棒插入下层混凝土的深度至少要有 50mm，每一振点都要快插慢拔，振动棒被拔出之后，要确保混凝土能够自然地填满插孔。当采用表面式混凝土振动器时，其移动间距应确保振动器的平板能覆盖已振实部分的边缘。混凝土一定要振捣密实，当混凝土表面呈现浮浆和不再沉落时，每一振点停止振捣。

振捣是保证混凝土密实性的重要施工工艺，浇灌时，一定要分层进行，并按顺序振捣。当采用插入式振捣器时，分层厚度不宜超过30cm；当用平板振捣器时，分层厚度不宜超过20cm。在下层混凝土初凝前，仍然要对上一层混凝土进行浇灌。一般情况下，分层浇灌的时间间隔不超过2h；气温在30℃以上时，不超过1h。当防水混凝土浇灌的高度超过规定的高度（至多为1.5m）时，必须采用串筒和溜槽，或侧壁开孔的办法浇捣。振捣时一定要用机械振捣，既不能出现漏振、欠振，也不能存在重振、多振。防水混凝土对密实度要求较高，振捣时间宜为10~30s，当混凝土开始泛浆和不冒气泡时停止振捣。在掺入引气型减水剂的情况下，要使用高频插入式振捣器振捣。振捣器的插入间距不得超过500mm，并贯入下层不小于50mm。这种做法的目的是确保防水混凝土的抗渗性和抗冻性。

6. 施工缝施工

（1）水平施工缝浇筑混凝土前，要将其表面清理干净，再铺设净浆或涂刷混凝土界面处理剂、水泥基渗透结晶型防水涂料等材料，然后铺30~50mm厚的水泥、砂配合比为1∶1的水泥砂浆，并应及时浇筑混凝土。

（2）垂直施工缝浇筑混凝土前，要将其表面清理干净，再涂刷混凝土界面处理剂或水泥基渗透结晶型防水涂料，并需及时浇筑混凝土。

（3）遇水膨胀止水条（胶）要保证接缝表面密贴。

（4）选用的遇水膨胀止水条（胶）要具有缓胀性能，7d的净膨胀率不宜超过最终膨胀率的60%，最终膨胀率宜大于220%。

（5）选用的中埋式止水带或预埋式注浆管要准确、牢靠固定。

7. 混凝土成品养护

防水混凝土终凝后要及时对其进行养护，环境温度为10℃时，混凝土的养护抗渗性能最差，这时可以少浇些水。当养护温度从10℃提高到25℃时，混凝土抗渗压力要从0.1MPa提高到1.5MPa以上。需要注意的是，养护温度过高同样会导致混凝土抗渗能力的降低。冬期采用蒸汽养护时最高温度不大于50℃，养护时间必须达到14d。

采用蒸汽养护法时，混凝土上不宜直接喷射蒸汽，为避免早期脱水，混凝土结构必须保持一定的湿度。此外，还要采取措施排除冷凝水和防止结冰。蒸汽养护时，控制升温与降温的速度应符合下列规定。

升温速度：对表面系数［指结构的冷却表面积（m^2）与结构全部体积（m^3）的比值］小于6的结构而言，不宜超过6℃/h；对表面系数不低于6的结构而言，不宜超过8℃/h；恒温温度不能超过50℃。

降温速度：最好不超过5℃/h。

二、大体积防水混凝土施工工艺

（1）在设计允许的情况下，掺粉煤灰混凝土设计强度等级的龄期以60d或90d为宜。

（2）水泥的选用以水化热低和凝结时间长的为适宜标准。

（3）混凝土中宜掺入减水剂、缓凝剂等外加剂以及粉煤灰、磨细矿渣粉等掺和料。

（4）夏季施工时，要做好原材料温度、混凝土运输时吸收外界热量等降温工作，入模温度最大值为30℃。

（5）混凝土内部预埋管道，宜实施水冷散热。

（6）要做好保温保湿养护工作。混凝土中心温度与表面温度的差值以不超过25℃为宜，表面温度与大气温度的差值不能超过20℃，温降梯度不能超过3℃/d，养护时间至少是14d。

三、防水混凝土冬期施工工艺

（1）防水混凝土冬季施工，水泥要选用普通硅酸盐水泥，施工时可在混凝土中掺入早强剂，原材料可采用预热法。

（2）严禁采用电热法养护。蓄热法适用于对厚度大的地下防水构筑物的养护，暖棚法和低温蒸汽适用于对地上薄壁防水构筑物的养护。

当采用暖棚法时，棚温应保持在5℃以上。

当采用低温蒸汽养护时，必须严格根据下列要求控制好升温和降温速度。

升温速度：对于表面系数小于6的结构，不宜超过6℃/h；对于表面系数不低于6的结构，不宜超过8℃/h；恒温温度不得超过50℃。

降温速度：以不高于5℃/h为宜。

采用蒸汽养护法时，混凝土上不宜直接喷射蒸汽，但混凝土的结构必须保持一定的湿度。

（3）采用蓄热法施工，对组成材料加热时，水温不得高于60℃，骨料温度不得高于40℃，混凝土出罐温度不得高于35℃，混凝土入模温度必须达到热工计算的要求。

（4）必须采取一定措施确保混凝土有一定的养护湿度。大体积防水混凝土工程以蓄热法施工时，要避免水化热过高，如果内外温差过大，混凝土的表面会发生开裂。混凝土浇筑完后应立即用湿草袋覆盖保湿，再覆盖干草袋或棉被加以保持温度，内外温差不能超过25℃。

第五节　地下水泥砂浆防水施工

防水砂浆的定义是通过严格的操作技术或掺入适量的防水剂、高分子聚合物等材料，提高砂浆的密实性，以达到抗渗防水目的的刚性防水材料。

防水砂浆的配制及要求：水泥要求采用强度等级不小于 32.5 级的普通硅酸盐水泥、膨胀水泥或矿渣硅酸盐水泥；砂宜采用中砂；水适宜采用不含有害物质的洁净水。防水层加筋，采用有膨胀性自应力水泥时，要增加金属网。

砂浆防水又称为防水抹面，按施工方法的差异分为两种：一种是利用高压喷枪机械施工的防水砂浆，这种砂浆具有较高的密实性，能够增强防水效果；另一种是大量应用人工抹压的防水砂浆，这种砂浆中由于某些特定外加剂的存在，如防水剂、膨胀剂、聚合物等，提高了水泥砂浆的密实性或改善了砂浆的抗裂性，从而起到了防水抗渗的功效。

采用防水砂浆时，其基层要求须为混凝土或砖石砌体墙面；混凝土强度不小于 C10 混凝土；砖石结构的砌筑砂浆不小于 M5；基层表面必须保持湿润、清洁、平整和坚实。对于其变形缝的设置，当年平均温差不大于 15℃时，一般建筑物的纵向变形缝间距应小于 30m。

相较于卷材、金属、混凝土等防水材料，水泥砂浆防水具有不少优点，如有一定防水功能和施工操作简便、造价低、容易修补等，但由于其韧性差、较脆、极限拉伸强度较低，易随基层开裂而开裂，故难以满足防水工程越来越高的要求。用高分子聚合物材料制成聚合物改性砂浆来提高材料的拉伸强度和韧性是解决水泥砂浆防水难题的一项重要技术。

根据材料成分的差异，水泥砂浆防水层分为刚性多层普通水泥砂浆防水、聚合物水泥砂浆防水和掺外加剂水泥砂浆防水三大类。

水泥砂浆防水只能用于结构刚度大、建筑物变形小、基础埋深小、抗渗要求不高的工程，不能用于有剧烈震动、处于侵蚀性介质及环境温度高于100℃的工程。

一、普通防水砂浆防水施工

1. 防水砂浆的配制与拌和

（1）普通防水砂浆配制　普通防水砂浆按表5-5进行配制。

表5-5　普通水泥砂浆防水层的配合比

名称	配合比（质量比）		灰比	适用范围
	水泥	砂		
水泥浆	1	—	0.55~0.60	水泥砂浆防水层的第一层
水泥浆	1	—	0.37~0.4 0.55~0.6	水泥砂浆防水层的第三层 水泥砂浆防水层的第五层
水泥砂浆	1	1.5~2.0	0.4~0.5	水泥砂浆防水层的第二、四层

（2）防水砂浆的拌和

①素水泥浆可用人工拌和，把水泥倒进桶中，然后按设计水灰比加水拌和均匀；水泥砂浆必须采用机械搅拌的方式，先将水泥和砂倒入搅拌机，干拌均匀，再加水搅拌1~2min。

②拌和的灰浆不能存放太久，否则会发生离析，出现初凝，降低灰浆的和易性和质量。采用普通硅酸盐水泥拌制灰浆，当气温为5~20℃时，存放时间应小于60min；当气温为20~35℃时，存放时间应小于45min。用矿渣硅酸盐水泥或火山灰质硅酸盐水泥进行灰浆拌制，当气温为5~20℃时，存放时间应小于90min；当气温为20~35℃时，存放时间应小于50min。

2. 施工流程

防水层施工顺序通常是由上至下、由里向外，先顶板、再墙面、后地面分层铺抹和喷刷，每层宜连续施工。

施工的一般流程：基层清理→冲洗湿润→刷素水泥浆→抹底层砂

浆→刷素水泥浆→抹面层砂浆→刷水泥浆并压光→提浆→养护。

3. 施工工艺

(1) 混凝土墙(顶板)抹防水砂浆层

①操作要求。

第一层：水泥浆层。水灰比为 0.55~0.6：1，厚度为 2mm，分两次抹成。

混凝土基层处理结束并做好保潮措施后，用铁抹子刮抹一层 1mm 厚的原水泥浆，往返用力刮抹 5~6 遍，使水泥颗粒得以完全分散，并能将基体的孔隙填堵密实，提高黏结力。第二次再抹 1mm，其厚度要均匀并应找平。水泥浆抹完后，应在初凝前再用排笔蘸水依次均匀地水平涂刷一遍，切忌蘸太多的水，否则会冲掉素灰。

第二层：水泥砂浆层。水灰比为 0.4~0.5：1，厚度为 4~5mm。此层应在第一层水泥浆初凝期间涂抹，抹压时一定要压入该层厚度的 1/4，力度要轻，不能对水泥浆层造成损害。在水泥砂浆初凝前，再用扫帚顺序地按同一个方向在砂浆表面扫出横向条纹，扫时要顺着同一个方向往返扫，不可蘸水扫。

第三层：水泥浆层。水灰比为 0.37~0.4：1，厚度为 2mm。此层应在第二层(水泥砂浆层)终凝后涂抹。涂抹前一定要用水将第二层砂浆表面湿润，然后按第一层(水泥浆层)的做法涂抹，需要注意的是，把涂抹方向改为垂直，上下往返刮抹 4~5 遍。

第四层：水泥砂浆层。水灰比为 0.4~0.5：1，厚度为 4~5mm。此层要在第三层素灰凝结前根据第二层做法进行涂抹，并在水泥砂浆初凝前用铁抹子分次抹压 5~6 遍，最后用铁抹子压光。

第五层：水泥浆层。水灰比为 0.55~0.6：1。此层是在第四层水泥砂浆层抹压两遍后，用毛刷在第四层水泥砂浆层上均匀地进行涂刷，并与第四层水泥砂浆层一道进行压光。

②操作注意事项。

a. 刚性多层防水层各层抹灰的间隔时间由所用的水泥品种及其凝结时间决定，并根据设计要求严格施工。

b. 水泥浆抹面要薄而均匀，不宜太厚。桶中的灰浆要经常搅拌，否则会出现分层离析，导致初凝。各层抹面严禁撒干水泥。

c. 要想使水泥砂浆与水泥浆结合紧密，在揉浆时首先要薄抹一层水泥砂浆，然后用铁抹子用力揉压，让水泥砂浆压进水泥浆层（但注意不能压透该层）。如果揉压的力度不够，就会降低两层之间的黏结度。水泥砂浆层不能喷水涂抹。

d. 水泥砂浆初凝前，把手指按上去，确定不粘手且有少许水印，即能进行收压工作。收压是用铁抹子平光压实，一般做两遍。第一遍收压时表面要粗毛，第二遍收压时表面要细毛，这样会使砂浆密实，强度高，不容易起砂。

e. 水泥砂浆防水层各层应紧密贴合，每层施工不宜出现间断情况；如必须留槎时，采用阶梯坡形槎，但离阴阳角处不得小于200mm；接槎时要做到层与层之间搭接紧密。

（2）砖墙面抹水泥砂浆防水层　砖墙面水泥砂浆防水层的做法，除第一层外，其他各层操作方法与混凝土墙面操作相同。抹灰前一天砖墙一定要用水浇透，抹灰时洒水使砖墙保持湿润，然后在墙面上涂刷一遍约1mm厚的水泥浆，涂刷时沿水平方向往返涂刷5~6遍，涂刷要均匀，灰缝处不得遗漏。涂刷后，趁水泥浆呈糨糊状时抹第二层防水砂浆。

（3）地面抹水泥砂浆防水层　地面的水泥砂浆防水层施工与混凝土墙面的差异主要体现为，其采用的不是（一、三层）刮抹的方法，而是将搅拌好的水泥浆倒在地面上，用刷子往返用力涂刷均匀。

要在第二层和第四层水泥浆初凝前，把拌好的水泥砂浆均匀铺在水泥浆层上，按墙面操作要求抹压，各层厚度也与墙面防水层相同。施工的方向是由里向外。施工时防水层不宜被踩踏。

在防水层表面需做地砖或其他面层材料时，可在第四层压光3~4遍后，用毛刷将表面扫毛，等到凝固的强度能够承受上人的压力时，再进行装饰面层施工。

（4）水泥砂浆防水层的养护　水泥砂浆防水层终凝后，应及时覆盖，进行浇水养护。养护时先用喷壶慢慢喷水，养护一段时间后再用水管浇水。

养护的温度至少是5℃，时间至少是14d。夏天应增加浇水次数，但避免在中午最热时浇水养护，对于易风干部分，要缩短浇水的间隔时间，表面保持湿润状态即可。

（5）细部构造及处理

①防水层的设置高度至少比地墙（面）高出15cm。

②穿透防水层的预埋螺栓等，可沿螺栓四周剔成深3cm、宽2cm的凹槽（凹槽尺寸视预埋件大小调整）。在防水层进行施工之前，把预埋件上的铁锈和油污清除干净，用水灰比为0.2左右的素灰把凹槽嵌实，然后立即刷一道水泥浆。

③露出防水层的管道等，应根据管件的大小在其周围剔出适当尺寸的沟槽，将铁锈除尽，冲洗干净后用水灰比为0.2的干素灰把沟槽捻实，然后立即抹一层素灰和一层砂浆，并扫成毛面。

二、掺外加剂水泥砂浆防水施工

1. 防水砂浆的配制

（1）配制的防水砂浆的配合比是经由试配后确定的，试配要综合考虑下列因素：

①所选外加剂的品种、适用范围、性能指标、成分、掺量等，应通过试验确定。

②所选水泥的品种、强度等级和初终凝的时间。

③根据工程实际情况和要求选择水泥、外加剂进行试配。

（2）一定要用机械搅拌拌制的砂浆，所有的原材料必须严格按照配合比得到准确称量，投料顺序要参照外加剂使用说明书，搅拌时间适当延长。

2. 施工流程

防水层施工的顺序通常为由上至下、由里向外，先顶板、再墙面、后地面分层铺抹和喷刷，每层以连续施工为宜。

3. 施工工艺

（1）施工温度不低于5℃，不高于35℃。禁止在雨天、烈日暴晒下施工。阴阳角要做成圆弧形。圆弧半径阳角为100mm，阴角为50mm。

（2）做好各工序间的衔接工作，一定要趁上一层还未干燥或终凝时，及时抹下层，否则黏结会不牢固，进而影响防水质量。

（3）抹灰前将基层表面清理干净，对光滑的基层表面进行凿毛处理，麻面率不小于75%，然后用水湿润基层。

（4）在已凿毛和干净湿润的基面上，均匀刷一道约2mm厚的水泥防水剂素浆做结合层，以提高防水砂浆与基层的黏结力。

（5）在结合层未干时，必须及时抹第一层防水砂浆做找平层，抹平压实后，用木抹搓出麻面。

（6）当找平层初凝后，要及时抹第二层防水砂浆，并用铁抹子反复压实。

（7）在第二层防水砂浆终凝以后，抹面层砂浆（或其他饰面）要抹压两遍。抹压前，先在底层砂浆上刷一道防水净浆，随涂刷随抹面层砂浆，最后压实压光。

（8）水泥砂浆防水层终凝后，要及时进行为期至少14d的养护，养护温度的最大允许值是5℃，养护期间表层要保持湿润。

三、聚合物水泥砂浆防水施工

1. 防水砂浆的配制

（1）聚合物水泥砂浆参考配合比如下：

水泥：砂：聚合物乳液：水=1：（1~2）：（0.25~0.50）：适量

施工时，聚合物水泥砂浆的配合比由工程特点在施工现场经试拌后确定。

（2）聚合物水泥砂浆应采用人工或立式搅拌机拌和，拌和器具应清理干净。拌制时，先将水泥与砂干拌均匀，然后把乳液倒入，与水拌和 3~5min，配制好的聚合物水泥砂浆要在 20~45min（视气候而定）内用完。

2. 施工流程

防水层施工的顺序通常为由上至下、由里向外，先顶板、再墙面、后地面分层铺抹和喷刷，每层宜连续施工。

3. 施工工艺

（1）聚合物水泥砂浆施工温度以 5~35℃为宜，室外施工禁止在雨天、雪天和五级风及以上时施工。施工前，将基层表面清理干净，并用钢丝刷将基层划毛。

（2）聚合物水泥砂浆涂抹前，一定要用水将基层冲洗干净，使其表面充分湿润，没有积水现象。按产品说明书的要求配制底涂材料打底，涂刷时力求薄而均匀。

（3）聚合物水泥砂浆只有在涂刷底涂材料 15min 后，才能进行铺抹。

（4）聚合物水泥砂浆铺抹应按下列要求进行：

铺抹聚合物水泥砂浆

①涂层厚度大于 10mm 时，立面和顶面应分层施工，第二层应待

第一层指触干燥后进行，各层紧密贴合。

②每层以连续施工为宜，当必须留槎的时候，要采用阶梯形槎，接槎部位离阴阳角至少要有 200mm，接槎时层与层之间搭接紧密。

③铺抹可采用抹压或喷涂施工。喷涂施工时，喷枪的喷嘴与基面保持垂直，将压力和喷嘴与基面距离的关系调整好。

④铺抹时应压实、抹平；如遇气泡要挑破压紧，保证铺抹密实；最后一层表面应提浆压光。

（5）聚合物水泥砂浆防水层在终凝后要进行为期至少 7d 的保湿养护。防水层硬化前，不能进行浇水养护或直接受雨水冲刷，硬化后可采用干湿交替的养护方法。在潮湿环境中，可在自然条件下养护。

（6）过水构筑物只有在聚合物水泥砂浆防水层施工结束 28d 之后才能进行使用。

第六节　地下特殊工法防水施工

一、塑料防水板防水施工

1. 施工要求

（1）塑料防水板防水层的基面要保持平整，不能出现尖锐突出物；基面平整度 D/L 不应大于 1/6（注：D 为初期支护基面相邻两凸面间凹进去的深度；L 为初期支护基面相邻两凸面间的距离）

（2）铺设塑料防水板前事先铺好缓冲层，然后用暗钉圈将缓冲层固定在基面上。

（3）塑料防水板防水层应牢固地固定在基面上，固定点的间距应根据基面平整情况确定，拱部以 0.5～0.8m 为宜，边墙以 1.0～1.5m 为宜，底部以 1.5～2.0m 为宜。局部凹凸较大的情况下，要在凹处加密固定点。

（4）接缝焊接时，塑料板的搭接层数不得超过三层。

（5）塑料防水板铺设时应少留或不留接头，如果留设接头，就要对接头进行保护。再次焊接时应将接头处的塑料防水板擦拭干净。

（6）铺设塑料防水板时，塑料防水板不能绷得太紧，按基面的平整度留有充分的空间。

（7）防水板的铺设应超前混凝土施工，超前距离宜为 5~20m，并应设临时挡板，以防止机械损伤和电火花灼伤防水板。

（8）二次衬砌混凝土施工时应符合下列规定：

①绑扎、焊接钢筋时要做好防刺穿、灼伤防水板的工作。

②混凝土出料口和振捣棒不得直接接触塑料防水板。

（9）塑料防水板防水层铺设结束后，经质量验收合格后即能进行下道工序的施工。

2. 铺设要求

塑料防水板的铺设应符合下列规定：

（1）铺设塑料防水板时，以拱顶向两侧展铺为宜，并应边铺边用压焊机将塑料板与暗钉圈焊接牢靠，禁止存在漏焊、假焊和焊穿现象。两幅塑料防水板的搭接宽度至少是 100mm。搭接缝应为热熔双焊缝，每条焊缝的有效宽度不应小于 10mm。

（2）环向铺设时，要先拱后墙，下部防水板要压住上部的防水板。

（3）塑料防水板铺设时宜设置分区预埋注浆系统。

（4）分段设置塑料防水板防水层时，两端都要采取封闭措施。

二、金属板防水施工

1. 施工要求

（1）金属防水层适用于长期浸水、水压较大的水工及过水隧道，所用的金属板和焊条的规格及材料性能应符合设计要求。

（2）金属板的拼接焊缝要严密。竖向金属板的垂直接缝要相互错开。

（3）金属板防水层应用临时支撑加固。金属板防水层底板上应预留浇捣孔，并应保证混凝土浇筑密实，待底板混凝土浇筑完后应补焊严密。

（4）金属板防水层早先焊成箱体，在整体吊装就位的情况下，必须在其内部加设临时支撑。

（5）金属板防水层应采取防锈措施。

2. 主体结构金属板防水层设置要求

（1）主体结构内侧设置金属防水层时，不仅可以将金属板与结构内的钢筋焊牢，还可在金属防水层上焊接一定数量的锚固件。

（2）主体结构外侧设置金属防水层时，金属板应焊在混凝土结构的预埋件上。金属板经焊缝检查合格后，用水泥砂浆对其与结构间的空隙进行浇灌嵌实。

三、膨润土材料防水施工

1. 材料要求

膨润土防水材料要与以下规定相符：

（1）膨润土防水材料中的膨润土颗粒要采用钠基膨润土而不能是钙基膨润土。

（2）膨润土防水材料应具有良好的不透水性、耐久性、耐腐蚀性和耐菌性。

（3）膨润土防水毯非织布外表面以附加一层高密度的聚乙烯膜为宜。

（4）膨润土防水毯的织布层和非织布层之间应连接紧密、牢固，膨润土颗粒应分布均匀。

（5）膨润土防水板的膨润土颗粒不仅要分布均匀，还要粘贴牢固，基材要采用0.6~1.0mm厚的高密度聚乙烯片材。

2. 施工要求

（1）基层应坚实、清洁，禁止出现明水和积水。平整度合格。

（2）膨润土防水材料应采用水泥钉和垫片固定。立面和斜面上的固定间距以400~500mm为宜，平面上要在搭接缝处固定。

（3）膨润土防水毯的织布面应与结构外表面或底板垫层混凝土密贴；膨润土防水板的膨润土面应与结构外表面或底板垫层密贴。

（4）膨润土防水材料应采用搭接法连接，搭接宽度要超过100mm。搭接部位的固定位置与搭接边缘的距离以25~30mm为宜，搭接处应涂膨润土密封膏。对平面搭接缝可干撒膨润土颗粒，用量以0.3~0.5kg/m为宜。

（5）立面和斜面铺设膨润土防水材料时，应上层压着下层，卷材与基层之间、卷材与卷材之间应密贴，确保平整，不出现褶皱。

（6）膨润土防水材料分段铺设时，应采取临时防护措施。

（7）甩槎与下幅防水材料连接时，把收口压板、临时保护膜等去掉，对搭接部位进行清洁处理，并涂抹膨润土密封膏，然后搭接固定。

膨润土防水毯

（8）膨润土防水材料的永久收口部位要用收口压条和水泥钉固定，并应用膨润土密封膏覆盖。

（9）膨润土防水材料与其他防水材料过渡时，过渡搭接宽度要超过400mm，搭接范围内应涂抹膨润土密封膏或铺撒膨润土粉。

（10）破损部位应采用与防水层性能相同的材料进行修补，补丁边缘与破损部位边缘的距离至少有100mm；膨润土防水板表面膨润土颗粒损失严重时应涂抹膨润土密封膏。

四、地下工程种植顶板防水施工

1. 材料要求

地下工程种植顶板防水材料要与以下规定相符：

（1）绝热（保温）层要选用密度小、压缩强度大且吸水率低的绝热材料，严禁选用散状绝热材料。

（2）耐根穿刺层防水材料的选用应符合国家相关标准的规定或具有相关权威检测机构出具的材料性能检测报告。

（3）排（蓄）水层适合采用抗压强度大且耐久性好的塑料排水板、网状交织排水板或轻质陶粒等轻质材料。

2. 施工要求

（1）地下工程种植顶板结构应符合下列规定：

①种植顶板应为现浇防水混凝土，结构找坡，坡度以1%～2%最为合适。

②种植顶板厚度至少是250mm，最大裂缝的宽度最大值是0.2mm，并不能贯通。

③种植顶板的结构荷载设计应按国家现行标准《种植屋面工程技术规程》（JGJ 155）的有关规定执行。

（2）绿化改造要求。

①已建地下工程顶板的绿化改造经结构验算合格后方能进行。

②种植顶板应根据原有结构体系合理布置绿化。

③当原有建筑不能满足绿化防水要求时，重新进行防水处理。加设的绿化工程在不破坏原有防水层及其保护层的基础上进行。

（3）细部构造。

①防水层下不得埋设水平管线。垂直穿越的管线应预埋套管，套管超过种植土的高度应大于150mm。

②变形缝是种植分区边界，禁止跨缝种植。

③种植顶板的泛水部位应采用现浇钢筋混凝土，泛水处防水层高出种植土至少要有250mm。

④泛水部位、水落口及穿顶板管道四周宜设置200~300mm宽的卵石隔离带。

第六章 外墙防水施工技术

第一节 外墙防水设防要求

外墙渗漏问题是目前建筑物渗漏的四大难题之一，必须得到普遍关注。外墙防水的设计和施工必须严格根据标准要求执行。20 世纪 70 年代在我国盛行一时的框架轻板建筑和大板体系，目前发生渗漏的情况严重，主要原因在于这些体系大部分采用的是空腔防水和构造防水，而没有采用密封材料防水。外墙渗漏水不仅造成建筑物的严重损坏，而且影响室内的装饰效果，造成涂料起皮、壁纸变色、室内物质发霉等。对于我国的南方地区，东西山墙发生渗漏的情况严重，而顶层外墙渗漏水更为严重，所以必须对墙尤其是外墙进行严格的防水设计和精心的施工。

外墙渗漏水还会给人们的生活、工作带来极大的不便，特别是高层建筑墙面发生成片的渗漏，其造成的危害更大，涉及的住户也更多。

目前，由于我国墙体防水的设计和施工没有统一的标准，再加上近年来外墙的饰面与防水材料很难令人满意，外墙渗漏的情况时常发生。

一、常用密封材料的选择

目前，我国外墙防水施工普遍采用中档密封材料，主要品种是丙烯酸和丁基橡胶类，其使用年限通常超过 8 年。高档或重要建筑通常采用硅酮、聚硫、聚氨酯密封材料，其使用年限超过 15 年，与此同时适应的接缝运动能力也较大，通常在 25% 左右，最好者可达到 50%。

二、外墙饰面防水设计要求

1. 外墙找平层抹灰规定

（1）外墙体表面不平整大于 20mm 时，事先对孔洞、缺口等进行堵塞，然后设砂浆找平层。

（2）外墙比较平整时，可用掺防水剂或减水剂的水泥砂浆将找平层与防水层合一。

（3）找平层以不使用掺黏土类的混合砂浆为宜。

（4）找平层一次抹灰的厚度以不大于 10mm 为宜。

（5）找平层的抗压强度不能比 M10 低，和墙体基层的剪切黏结力以不小于 1MPa 为宜。

（6）找平层在外墙混凝土结构和砖墙交接处，要附加 200～300mm 宽的钢丝网抹灰。

2. 外墙防水层规定

（1）外墙防水层一定要留设分格缝，分格缝间距纵横不能大于 3m；在外墙体不同材料交接处宜留设 10mm 宽、5～10mm 深的分格缝，并用高弹塑性、高黏结力和耐老化的密封材料进行嵌填。

（2）防水砂浆抗渗等级不能比 P6 低，或耐风雨压力至少是 $60kg/m^2$。

（3）防水砂浆的抗压强度不能比 M20 低，与基层的剪切黏结力以不小于 1MPa 为宜。

（4）墙面是饰面材料或亲水性涂料的时候，防水层以不采用表面憎水性材料为宜。

（5）外墙防水层可以直接设在墙体基层上，不过要事先堵塞好砖墙缝及墙上的孔洞，也可以设在抗压强度大于 M10 的找平层上。

3. 外墙饰面层

（1）外墙饰面层必须留设分格缝，分格缝纵横间距不能大于 3m；在外墙体不同材料交接处亦宜留设 10mm 宽的分格缝，并用高弹性、高黏结力和耐老化的密封材料进行嵌填。

（2）外墙饰面砖勾缝时，要采用聚合物水泥砂浆材料。

（3）粘贴外墙面砖的胶结材料应当首先选用聚合物水泥砂浆或聚合物水泥素浆，也可选用掺减水剂、防水剂的水泥砂浆或水泥素浆，需要注意的是，此时的胶结层都不宜过厚。

外墙粘贴瓷砖效果

三、外墙防水施工方法

1. 第一种做法

外墙砂浆必须抹干压实，施工 7d 后用有机硅防水涂料连续喷两遍。

2. 第二种做法

为了使贴外墙瓷砖密实平整，以专用瓷砖胶黏剂为最佳选择，将有机硅防水涂料喷涂在瓷砖或清水墙上。

3. 第三种做法

如果采用密封材料，要在缝中衬垫闭孔聚乙烯泡沫条或在缝中贴不粘纸，这样就可以防止三面粘接而不会破坏密封材料。外墙防水施工时要用脚手架或双人吊篮、单人吊篮等施工机具，保证防水施工质量和人身安全。

四、施工注意事项

（1）在混凝土外墙找平层抹灰之前，要详细检查混凝土的外观质量。若发现有裂缝、蜂窝、孔洞等现象，根据情节轻重先行补强、密封处理后即可抹灰。

（2）外墙穿过防水层的管道、预留孔、预埋件两端的所有连接处，都要进行柔性密封处理，或使用聚合物水泥砂浆封严。

（3）外墙体变形缝一定要进行防水处理。在进行防水处理的时候，在高分子卷材或高分子涂膜条变形缝处一定要做成 U 形，并在两端和墙面黏结牢固，使伸缩便利。防腐蚀金属板的中间弯成倒三角形后，用水泥钉固定在基层上。

第二节　外墙有机硅防水涂料

外墙有机硅防水涂料的防水层通常选用防水涂膜，不仅施工方便，而且防水效果好。外墙有机硅防水涂料适用于砖混结构和框架轻质填充外墙。

一、施工准备

（1）基层要求抹平、压光、坚实、平整，具有一定的强度，没有起砂现象，阴阳角处抹成极小圆弧角。

（2）基层要求干燥，含水率不超过 9%。

（3）基层面上保持洁净，突出部位要凿平并清理干净。

（4）不得在淋雨条件下施工；操作时严禁烟火。

（5）施工的环境温度至少有 5℃。

用高压喷水枪作压力冲水试验，检查每个窗框侧边的抗渗能力，若出现渗漏情况，必须返工，直到不渗漏。

二、施工工艺

1. 施工流程

基层处理→第一遍 JS 复合防水涂料勾缝→第二遍 JS 复合防水涂料勾缝→喷涂第一遍有机硅防水涂料→喷涂第二遍有机硅防水涂料→淋水试验。

2. 操作要点

（1）采用雨天观察和对墙体淋水检查的方法来确定墙体发生渗漏的部位，查找并分析原因，确定修补方案。

（2）清除缝内浮灰杂物，对较宽且通长裂缝进行处理，必要时需用小型切割机切割裂缝，并用自来水或外墙清洁剂清洗干净。

（3）仔细检查外墙的饰面砖是否存在脱落和空壳现象，发生严重空壳的面砖必须凿除，然后对其进行重新铺贴。

检查外墙饰面砖

（4）用 JS 复合防水涂料将有孔洞和明显裂缝处填平补齐、填实密封。如发现窗周边渗漏，把窗周边的建筑密封胶全部铲除并清理干净，然后用 JS 复合防水涂料腻子进行填充修补。

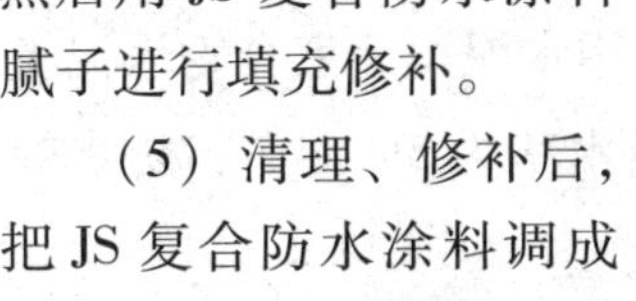

（5）清理、修补后，把 JS 复合防水涂料调成腻子，对整个外墙面砖缝进行勾缝处理。

（6）清理、修补、干燥后，饰面墙即可喷有机硅防水涂料。

第三节 外墙饰面防水施工

外墙饰面主要包括抹灰类饰面、贴面类饰面和涂刷类饰面三类。外墙饰面施工时，应按照设计要求和规范，精心组织施工，不仅要起到装饰作用，还需具备较强的防水能力。

一、抹灰类饰面

抹灰又称粉刷，由底层、中层和面层三个层次组成。普通抹灰分底层和面层，中级抹灰和高级抹灰是在底层和面层之间再增加一层或多个中间层。各层抹灰的厚度要适宜，通常外粉刷的总厚度为 20~25mm，内粉刷的总厚度为 15~20mm。

1. 施工要求

外墙抹灰类饰面做法主要有搓毛、水刷石、干粘石和斩假石等。饰面层要避免发生渗漏，必须使抹灰层密实，不会产生空鼓和裂缝，具体措施如下：

（1）抹灰前应作好基层处理，其表面应平整、干净、粗糙、湿润。对不同机体材料的交接处铺钉金属网，避免温度裂缝出现；一定要用水泥砂浆对对头空缝进行修整；砌体的缺陷和孔洞应先用掺入108胶水的水泥素浆涂刷一遍，然后用水泥砂浆补抹平整。

（2）外墙抹灰饰面选用的材料和配合比，不仅要起到装饰作用，还需具备较强的防水能力。外墙抹灰一般采用水泥类、聚合物水泥类的各种砂浆，因为这类砂浆凝固硬化后的吸水率为5%左右，防水效果好。

（3）外墙抹灰必须在操作程序规定要求下进行，分层施工，各层都要抹压平整、密实；抹灰层与基层之间、各抹灰层之间要黏结牢固，不能有脱层、空鼓等现象。

（4）外墙抹灰饰面层应按设计要求进行分格。在一个分格块内应一次抹压完成，不留接茬。分格缝要留有凹槽，宽度和深度以20mm为宜，保持均匀一致，表面光滑，没有砂眼、错缝和缺棱掉角现象。饰面抹灰层完成后，要将分格缝清理干净，洒水湿润，用水泥、细砂配合比为1：（1~2）的水泥砂浆勾缝，要求缝口均匀、封严密实。在勾缝砂浆凝固硬化、干燥后，根据设计要求的颜色在分格缝内涂刷防水涂料。

2. 施工工艺

墙面水泥砂浆抹灰工程的施工工艺流程：基层处理→堵门窗口缝及脚手眼、孔洞等→吊垂直、套方、找规矩、做灰饼、充筋→抹底层砂浆→弹线分格、嵌分格条→喷洒第一道防裂剂（加气混凝土墙面）→抹面层砂浆→喷洒第二遍防裂剂（加气混凝土）→抹水泥砂浆踢脚（墙裙）→室外抹灰的滴水线、槽→养护。

（1）墙面基层处理、浇水湿润

①砖墙基层处理。墙面清理干净，并用清水冲洗，使墙面均匀湿润。

②混凝土墙基层处理。混凝土墙面表面比较光滑，首先用脱污剂将其表面处理干净，晾干后采用机械喷涂或笤帚涂刷一层薄的胶黏性水泥浆或混凝土界面剂，加强抹灰层与基层黏结度，降低墙面发生空鼓、开裂的概率。另一种方法是将其表面用尖钻头均匀剔成麻面，使其表面粗糙不平，然后浇水湿润。

③加气混凝土墙基层处理。由于加气混凝土砌体具有较低的强度和较大的孔隙率，在抹灰前必须对松动及灰浆不饱满的拼缝或梁、板下的顶头缝用砂浆填塞密实；将墙面凸出部分剔凿平整，并将缺棱掉角、凹凸不平、设备管线槽和洞等处用砂浆修整密实、平顺。用托线板检查墙面垂直偏差及平整度，按照施工要求做好墙面抹灰基层处理的工作，然后喷水湿润。

（2）堵门窗口缝及脚手眼、孔洞等　门窗框安装位置准确、牢固，用水泥砂浆将缝隙塞严。在对脚手眼和废弃的孔洞进行堵塞前，必须清理干净洞内杂物、灰尘等，并浇水湿润，然后用砖进行补齐砌严。

（3）吊垂直、套方、找规矩、做灰饼、充筋　根据建筑高度确定放线方向，高层建筑可利用墙大角、门窗口两边，用经纬仪打直线找垂直。多层建筑可从顶层用大线坠吊垂直，细钢丝找规矩，横向水平线可依据楼层标高或施工+50cm 线为水平基准线进行交圈控制，然后按抹灰操作层抹灰饼，在做灰饼时，横竖一定要交圈，这样操作起来会方便些。每层抹灰时以灰饼作为基准，使其横平竖直有保证。

（4）抹底层灰、中层灰　抹底层灰之前可刷一道胶黏性水泥浆，然后抹水泥和砂配合比为 1∶3 的水泥砂浆，底层灰的每层厚度为 5~7mm。分层抹灰，抹至与充筋平时用木杠刮平找直，木抹搓毛。为了避免收缩、保证质量，每层抹灰不要跟得太紧。

（5）弹线分格、嵌分格条　根据图纸要求弹线分格、嵌分格条。

分格条宜采用红松制作，粘前用水充分浸透。粘时在分格条两侧用素水泥浆抹成45°八字坡形。嵌分格条时，为避免出现左右乱粘、分格不均匀的现象，竖条要粘在所弹立线的同一侧。

（6）喷洒第一道防裂剂　当作业环境过于干燥且工程质量要求较高时，可采用防裂剂。底子灰抹完后，立即用喷雾器将防裂剂以雾状形式均匀喷洒在底子灰上，没有漏喷现象，不宜过量，不可过于集中，操作时喷嘴倾斜，向上仰，与墙面的距离适中，确保喷洒均匀适度，不会造成灰层的损坏。防裂剂喷洒2~3h内禁止搓动，否则会破坏防裂剂表层。

（7）抹面层灰、起分格条　待底灰七八成干时开始抹面层灰。将底灰墙面浇水，均匀湿润，先刮一层薄薄的素水泥浆，随即抹罩面灰，与分格条平，并用木杠横竖刮平，木抹子搓毛，铁抹子溜光、压实。等到其表面无明水时，软毛刷蘸水与地面保持垂直向同一方向轻刷一遍，为使面层灰颜色一致，不会出现收缩裂缝，随后将分格条起出，待灰层干后，用素水泥膏将缝勾好。难起的分格条切忌硬起，否则会造成棱角损坏，等到灰层干透后再补起，并补勾缝。

（8）喷洒第二遍防裂剂　罩面灰抹好后，待稍干（具有初期硬度），一般在砂浆初凝后尚未收缩时，及时喷洒第二遍防裂剂。

（9）抹水泥砂浆踢脚板（墙裙）　在抹水泥砂浆的高度范围内，刷一遍聚合物水泥浆，并立即抹配合比为1∶3、厚5~7mm的水泥砂浆底子灰，随之抹厚5mm的中层灰，表面用木抹子搓毛。等到中层灰五六成干时，用配合比为1∶3的水泥砂浆抹罩面灰，抹平、压光，上口用靠尺切割平齐。踢脚线出墙应一致，一般以凸出墙面灰层5~7mm为宜。

（10）抹滴水线　抹檐口、窗台、窗楣、阳台、雨篷、压顶和突出墙面的腰线以及装饰凸线的上面要做成向外的流水坡度，严禁出现倒坡，下面要做滴水线（槽）。窗台上面的抹灰层要深入窗框下坎裁口内，并堵塞密实，流水坡度及滴水线（槽）与外表面的距离不能小于40mm。滴水线深度和宽度一般不小于10mm，并应保证其流水坡度方向正确。

抹滴水线（槽）应先抹立面，后抹顶面，再抹底面。底面灰层抹好后便能拆除分格条。抹灰砂浆只有达到一定强度，才能使用“隔夜”拆条法拆除分格条。

（11）养护　水泥砂浆抹灰常温24h后应喷水养护。冬期施工要有保温措施。

3. 质量要求

（1）砂浆防水层的原材料和配合比要达到设计要求的标准。其检验方法为检查产品出厂合格证、质量检验报告、配合比和现场抽样复检报告。

（2）各层间的结合要牢固，不能存在空鼓现象。其检验方法为观察检查和用小锤轻击检查。

（3）防水层表面要密实、平整，不能存在裂纹、起砂、麻面等现象。其检验方法为观察检查。

（4）防水层施工缝留槎位置要适当，接槎严格根据层次顺序进行层层搭接。其检验方法为观察检查。

（5）防水层平均厚度达到设计要求的标准，最小厚度不能小于设计值的85%。其检验方法为观察与尺量检查。

二、贴面类饰面

贴面类装修的定义是各种天然石材或人造板材绑、挂或粘贴于基层表面的做法。贴面类装修的优点是耐久性好，装饰性强，容易清洗等。常用的贴面材料有花岗岩板、大理石板等天然石材，水磨石板等人造石材，面砖、瓷砖、陶瓷锦砖等陶瓷制品。面砖通常选用陶土作为原料，其制作工艺分为压制和煅

陶瓷锦砖

烧。根据类型不同，面砖可以分为挂釉和不挂釉、平滑和有一定纹理质感等。无釉面砖主要应用于高级建筑外墙面装修，釉面砖主要应用于建筑内墙面及厨房、卫生间的墙裙贴面。陶瓷锦砖适用于外墙面，由优质陶土烧制而成，有挂釉和不挂釉之分，有方形、长方形和六边形等。

1. 施工准备

常见的天然石板有花岗岩、大理石板两类。即使它们具有不少优点，如强度高、不易污染、装修效果好等，但由于价格昂贵，普通装修中通常不采用。

面砖粘贴前应先将墙面清洗干净，然后将面砖放入水中浸泡5~10min，贴前取出晾干或擦干。面砖安装时，先抹厚15mm、配合比为1∶3的水泥砂浆打底找平，再抹厚5mm、配合比为1∶1的水泥细砂砂浆或纯水泥浆粘贴面砖。锦砖出厂前，根据规定将其反贴在标准尺寸的牛皮纸上，施工时只需将纸面朝外，整块粘贴在配合比为1∶1的水泥细砂砂浆上，待砂浆凝固后，洗去牛皮纸即可。

2. 施工工艺

天然石板和人造大理石板的安装方法相同。板材安装有三种方法，即拴挂法、干挂法和粘贴法。拴挂法操作步骤是，先在墙身或柱内预埋直径为6mm的铁箍，在铁箍内立直径为8~10mm的竖筋和横筋，形成钢筋网，再用双股铜线或镀锌钢丝穿过事先在石板上钻好的孔眼（人造石板则利用预埋在板中的安装环），把石板绑扎到钢筋网上。用不锈钢卡销把上下两块石板固定好。石板和墙面之间留有30mm缝隙，分层浇筑配合比为1∶2.5的水泥砂浆，每次灌入高度不应超过200mm。由于拴挂法施工的天然石板墙面存在基底透色、板缝砂浆污染等缺点，因此，挂法施工主要适用于一些装饰要求高的工程，其施工流程为：测量弹线→安装骨架（一般槽钢为主龙骨，角钢为次龙骨制作骨架）→安装挂件→固定板材→调整→打密封胶（耐候硅酮胶密封）→清理→验收。

3. 施工注意事项

提高墙贴面类饰面的防水能力的具体措施主要包括：做好基层处理，抹好找平层，设置防水层，作好面砖镶贴和拼缝、分格缝处理。

（1）基层处理要达到要求的标准。抹灰前墙面应浇水湿润；砂浆应具有良好的和易性，并具有一定的黏结强度；原材料要与规范要求相符，底层砂浆与中层砂浆配合比应基本相同，水泥强度等级应该相同，抹灰应分层，按质量标准掌握厚度；注意养护。

外墙镶贴饰面块材前，必须检查基层是否存在空鼓或裂缝现象。凡空鼓面积超过 200cm^2、灰厚度小于 20mm、裂缝长大于 100mm、裂缝深大于 15mm 者均属渗漏隐患处，必须进行修补，无误后方可镶贴外饰面块材。

（2）找平层的做法和抹灰饰面的做法一样。

（3）外墙面砖饰面要设防水层，提高防水能力，防止外墙渗漏。未设防水层的外墙面砖饰面，如面砖的拼缝、黏结层和找平层的砂浆一旦出现裂缝、毛细孔，就会成为雨水渗入室内的路径。

（4）外墙面砖饰面层暴露在自然环境中，受风雨、日晒影响，承受温度应力较大，如采用普通水泥砂浆黏结层，由于其黏结强度低，抗拉强度小，吸水率和干缩值大，所以在温度应力的作用下容易造成饰面砖空鼓、脱落，导致外墙面渗漏。外墙面砖饰面要采用 3~4mm 厚的聚合物水泥砂浆作为黏结层，由于聚合物水泥砂浆黏结强度和抗拉强度较高，抗渗性能较好，用于饰面层可黏结牢固，并有一定的抗渗漏能力。

（5）饰面砖防水的要求如下：

①外墙如果采用质地酥松、吸水率偏高的饰面砖粘贴，在雨水冲刷和冻融交替作用下会引起面砖开裂、爆皮、脱落，雨水沿这些部位渗入墙内，造成渗漏。所以外墙饰面的品种、规格、颜色、图案和技术性能等都要达到设计要求的标准。饰面砖在进场验收和施工操作中，应剔除有暗痕和裂纹的面砖，以确保工程质量。

②有隐伤、风化等现象的饰面板，在温度变化、雨水冲刷和冻融

交替作用下，易产生剥离、脱落，造成渗水，给建筑物带来严重的安全隐患。故饰面板在加工订货时要提出质量要求，材料进场时应按标准严格检查验收。天然大理石、花岗石饰面板的表面不能有隐伤、风化等现象，不能用易褪色材料进行包装，更不能受到雨淋。天然大理石、花岗石饰面板镶贴后，如有轻微损伤处，经有关单位同意，可用胶黏剂或腻子修补。外墙面饰面板不宜采用大理石。

③饰面块材在使用前必须清洗干净，隔夜用水浸泡，晾干后方可使用。外墙镶贴饰面块材要牢固，拆架前应全面仔细检查。外墙镶贴饰面块材与门窗框的距离保持在 5mm 左右，缝隙内用玻璃胶满嵌，并密封严实。

（6）外墙饰面砖应采用有缝拼贴，拼缝应大于 5mm。面砖镶贴结束后，首先对缝中的砂浆进行清理并湿润，勾缝时要用专用的工具。将缝清理干净后，先用聚合物水泥浆顺拼缝薄涂一层，然后用聚合物水泥砂浆勾缝。按设计要求对勾缝材料的颜色进行配色。勾缝应使缝与饰面砖形成一个整体防水层。为使勾缝砂浆表面达到“连续、平直、光滑、填嵌密实、不漏勾、无空鼓、无裂纹”的要求，要进行二次勾缝，就是砂浆嵌缝后先勾缝一次，等到勾缝砂浆“收水”后、终凝前再勾缝一次。勾缝后要及时把粘在砖面上的勾缝砂浆用抹布擦去，避免造成砂浆固化后清理工作的困难。勾缝后要及时进行淋水养护。

（7）外墙饰面层应留设 10mm 宽的分格缝，其间距划分是由层高、开间和外窗口决定的，但不要超过 3m。饰面层施工完毕后应将分格缝内的浮灰和杂质清理干净，基层含水率符合要求后，先涂刷与所使用的密封材料材性相容的基层处理剂，等到基层处理剂干燥后再嵌填密封材料。密封材料要选用高弹性、高黏结力、高延伸率和耐水性好的产品，如聚氨酯密封胶、聚硫密封胶、硅酮密封胶和聚丙烯酸酯密封胶等。其表面还要再用防水涂料或聚合物水泥砂浆做保护层。

（8）外墙装饰线条所有突出墙面 60mm 以内的（如窗套、压顶、腰线等），线条上面应用聚合物水泥砂浆抹出向外的流水坡度，防止出现因积水引起的渗漏；线条下面应做滴水线（鹰嘴），窗楣部分必须做滴水槽。所有突出60mm以上的（如挑檐、雨篷等），上面要做成流水坡度，下面做滴水槽，并且两端要留出30mm作断水处理。

（9）无挑檐的女儿墙压顶要找坡，为确保外墙面不被雨水污染，压顶要向内找出斜坡，其坡度根据各地区的雨量大小进行确定，一般以选取5%～10%为宜。压顶面层通常采用金属制品或防水混凝土做压顶。如用防水混凝土做压顶，应设分格缝（间距不宜大于6m），并在缝内嵌填密封材料。

三、涂料类饰面

涂料类饰面装修的定义是利用各种涂料敷在基层表面而形成涂膜层，从而起到装饰和保护墙体作用的做法。

1. 涂料分类

涂料按其成膜物质的不同，分为无机涂料和有机涂料。

（1）无机涂料包括普通无机涂料和无机高分子涂料等几大类。普通无机涂料如石灰浆、大白浆等，主要适用于普通的室内装修；无机高分子涂料具有耐水、耐酸碱、耐冻融、装修效果好等优点，多用于外墙面装修和有耐擦洗要求的内墙面装修。

（2）根据主要成膜物质和稀释剂的不同，将有机涂料分为溶剂型涂料和水性涂料两类。溶剂型涂料有传统的油漆涂料等多种，水性涂料有水溶性涂料、乳液涂料（乳胶漆）等品种。

2. 施工注意事项

（1）涂料的施工方法通常包括刷涂、滚涂、喷涂、抹涂、刮涂等。施工时，如果后一遍涂料在前一遍涂料还未干燥时就进行，就会出现皱皮、开裂等质量问题。

（2）在湿度较大的房间内施工，为确保涂层质量，应刮耐水性能好的底层腻子，待腻子干燥后，再打磨平整光滑，清理干净后再涂刷防水性能好、耐洗刷的涂料。

（3）用于外墙的涂料，不仅要具有良好的耐水性、耐酸碱性，还要具有良好的耐洗刷性、耐冻融循环、耐久性和耐污性。

（4）对于墙面防水，涂料装饰的重点是做好基层施工工作。

（5）混凝土内墙一般刷涂料，可先用4%的聚乙烯醇溶液，或2%的乳液喷刷于基层，晾干后批腻子。强度相当、耐火性好的腻子适用于墙面上施涂耐擦洗及防潮、防火涂料的情况。

（6）外墙面不能使用大白腻子。

第四节　外墙墙体构造防水施工

建筑外墙墙体构造防水就是装配式大板建筑和外板内浇建筑中，在墙板的外侧接缝处设置适当的线型构造，如挡水台、披水、滴水槽等，形成空腔，使渗入墙体的雨水通过排水管排出墙外，达到墙体防水的目的。

一、外墙墙体防水构造

1. 立缝

左右两块外墙板安装后形成的缝隙称为立缝，又叫垂直缝。立缝内有防水槽1~2道。为了起到防水、保温的效果，并同时提供浇筑组合柱混凝土时的模板，防水槽内要放置聚氯乙烯塑料条，在墙外侧也要放置油毡和聚苯板。聚氯乙烯塑料条与油毡—聚苯乙烯泡沫塑料板之间形成空腔，有一道防水槽形成一道立腔。立腔腔壁要涂刷防水涂料，保证进入腔内的雨水顺利排出，聚氯乙烯塑料条外侧要勾水泥砂浆。

2. 平缝

平缝即上、下外墙板之间所形成的缝隙。外墙板的上部有挡水台和排水坡；下部有披水，在披水处放置油毡卷，外勾防水砂浆。油毡卷以内即形成水平空腔。进入墙内的雨水会顺披水坡和十字缝的排水管排出。

3. 十字缝

十字缝位于立缝、平缝相交处。为了使进入立缝和水平缝的雨水顺利排出，应在十字缝正中设置塑料排水管。

从外墙板的防水构造可以看出，构造防水的质量是由外墙板构造的完整程度和外墙板的安装质量决定的。外墙板的缝隙要大小均匀一致，挡水台、披水、滴水槽等必须完整无损，如有碰坏应及时修理。安装外墙板时，严禁披水高于挡水台、企口缝向里错位太大而将平腔挤严。平腔或立腔内不得有砂浆和杂物，以免影响空腔排水或因毛细管作用影响防水效果。

4. 阳台、雨篷的接缝构造

阳台、雨罩板平放在外墙板上，与墙板形成接缝，无法采用构造防水，只能采用材料防水。具体做法是：用建筑密封材料把沿阳台和雨罩板的上平缝全长、下平缝两端向内300mm，以及两端立缝嵌实。

二、施工工艺

1. 施工流程

施工流程：现浇首层通长挡水台→检查修补缺损的防水部位→起吊安装外墙板→边柱外侧插油毡聚苯板条→边柱浇筑混凝土→键槽处施工→清除平、立缝杂物→平、立缝处理→修补披水、挡水台，安装塑料排水管→平、立缝砂浆勾缝→阳台、雨篷板的防水处理→女儿墙内立缝材料防水及压顶处理→嵌填穿墙孔→养护→淋水试验。

2. 操作要点

（1）现浇首层通长挡水台　首层外墙板下端沿外墙做好混凝土现浇通常挡水台，外侧做好排水坡。钢筋预埋在地下室顶板圈梁中，配纵向钢筋，支模后浇灌细石混凝土。外墙板安装之前，必须对其进行认真的养护和保护，否则其在施工过程中会出现损坏。

（2）检查修补外墙板缺损的防水部位　安装外墙板前应全面检查空腔防水构造，尺寸、形状应符合设计要求，横、竖防水腔均应完整无缺，立腔腔壁的防水涂料涂刷均匀、平整，无流淌和堵塞空腔沟槽及漏刷现象。严禁对空腔的外部及准备勾砂浆的水平缝和立缝部位进行涂刷，一旦发现破损就要及时进行修复。

（3）起吊安装外墙板　起吊安装前必须再次检查首层挡水台是否完整，安装时应轻吊轻放，尽量做到一次到位，如需调整，只能撬动墙板内侧，严禁在披水、挡水台上撬动墙板。

外墙板标高正确，防止披水高于挡水台。板底的找平层灰浆密实。

（4）边柱外侧插油毡聚苯板条　纵向防水空腔的油毡聚苯板条，每层一定要通长成条，宽度适宜，嵌插到底，周边严密，禁止分段插接，不能出现鼓出和崩裂现象，否则浇灌墙体节点混凝土时会造成空腔的堵塞。

（5）边柱浇筑混凝土　在振捣边柱混凝土时，要注意不可将外侧的油毡聚苯板条挤破，防止混凝土外溢而造成空腔堵塞。

（6）键槽处施工　浇筑混凝土前，一定要用油毡对上下墙板间的连接键槽的外侧进行堵严处理，否则会造成混凝土挤入空腔。然后浇灌混凝土。

（7）清除平、立缝杂物　混凝土浇灌后，应检查平、立腔是否畅通，如被漏浆或杂物等堵塞，应及时清理干净。

（8）平、立缝处理　平缝内要嵌入油毡卷和低密度聚乙烯棒材，与披水及排水坡挤紧。对于立缝的防水塑料条，要选用 1.5~2.0mm 厚、立缝宽度加 25mm 宽、层高加 100~150mm 长的硬质适当的软质聚氯乙烯材料，以便封闭空腔上口。在塑料条外用高标号水泥砂浆抹出挡水台。下端剪成圆弧形缺口，以便留排水孔。在结构施工时，防水条必须根据规定插入纵向空腔槽，严禁出现结构吊装完毕后做装饰时从缝前塞入的情况。

（9）修补披水、挡水台，安装塑料排水管　十字缝处防水处理的好坏，是防水成败的关键。用砂浆把相临外墙板挡水台和披水之间的缝隙填实，然后把下层塑料条搭放其上，交接要严密。在上下两塑料条之间放置排水管，外端伸出墙面 10~15mm，要内高外低，保持畅通，使雨水能够顺利排出。

（10）平、立缝砂浆勾缝 在空腔外侧勾水泥砂浆前要将塑料条处理好，两侧与防水槽壁顶实，勾砂浆时用力要适中，避免因立缝的塑料条或平缝的油毡卷（或低密度聚乙烯棒）挤出错位而导致空腔发生堵塞，造成渗漏。勾缝宜用防水砂浆，勾缝应平实光滑，表面比墙面低 1~2mm。

（11）阳台、雨篷板的防水处理 阳台、雨篷板缝隙采用的是材料防水施工方式，通常用建筑密封膏进行密封处理。建筑密封膏的嵌缝的做法有两种：一种是在装阳台底板之前，将外侧接缝处清理干净，刷上冷底子油，然后把搓成卷的冷底子油放在接缝处外侧，安装后膏体被压在板下；另一种做法是在阳台底板吊装后进行嵌缝。阳台板上下缝及相邻的立缝上下延伸 200mm，都要用建筑密封膏嵌填，外面再抹砂浆。两阳台底板连接处也一定要嵌填密封膏或贴防水卷材。十字缝处的排水孔不可发生堵塞，阳台的泛水必须正确，排水管在使用期间必须保持畅通。

（12）女儿墙内立缝材料防水及压顶处理 屋面女儿墙现浇组合柱混凝土与预制女儿墙板之间容易产生裂缝，形成渗水路径。所以，组合柱混凝土要采用干硬性混凝土或微膨胀混凝土。在防水施工时，用建筑密封膏把沿组合柱外侧及女儿墙板的立缝填实，外面用水泥砂浆封闭保护。女儿墙板平缝的处理做法同外墙板相应部位一样。内立缝建筑密封膏应与屋面防水卷材搭接，顶部用 60mm 厚的细石混凝土压顶，向内泛水。

（13）嵌填穿墙孔 外墙装修前一定要用防水砂浆对预留的孔洞进行填嵌处理，在距表面 20mm 处嵌填建筑密封膏，外面再用水泥砂浆抹平。防水砂浆应为干硬性防水砂浆，并要嵌填密实。

（14）养护 防水处理结束后，通常要养护 7~14d，才能进行淋水试验。

（15）淋水试验　淋水试验检验其是否合格。

第五节　外墙面涂刷保护性防水涂料施工

一、施工工艺

1. 清理基层

施工前，基层表面一定要清理干净。发现孔、洞和裂缝后，要用水泥砂浆填实或用密封膏嵌实封严。待基层彻底干燥后，才能喷刷施工。

2. 配制涂料

涂料和水按质量比为 1 :（10 ~ 15）称量后盛于容器中，充分搅拌均匀后即可喷涂施工。

3. 喷刷施工

用喷雾器（或滚刷、油漆刷）把配制稀释后的涂料直接喷涂（或涂刷）在干燥的墙面或其他需要防水的基面上。喷涂方向是，先从施工面的最下端开始，沿水平方向从左至右或从右至左（视风向而定）喷刷，横向施工涂层就会随后出现，这样逐渐喷刷至最上端，完成第一次涂布。也可先喷刷最下端一段，再沿水平方向由上至下分段进行喷刷，逐渐涂布到最下端的一段并与其衔接在一起。每一施工基面都要连续重复喷刷两遍。

第一遍：喷刷工具沿水平方向喷涂涂料，形成横向施工涂层，在第一遍涂层还没有固化时，紧接着进行垂直方向的第二遍喷刷。

第二遍：喷刷工具沿垂直方向视风向从基面左端（或右端）开始从上至下或从下至上喷涂涂料，形成竖向涂层，逐渐移向右端（或左端），直至完成第二次喷刷。

瓷砖或大理石等饰面的砖间接缝是喷涂的主要对象。因接缝呈凹条型，和饰面不处在同一个平面上，可先用刷子紧贴纵、横向接缝，上下、左右往复涂刷一遍，再用喷雾器对整个饰面满涂一遍。

二、施工注意事项

（1）涂料和水必须严格按照质量比为 1：（10~15）进行稀释。水量过多，则起不到防水的作用。

（2）施工时，涂料应现用现配，用多少配多少，稀释液宜当天用完。

（3）对墙面腰线、阳台、檐口、窗台等凹凸节点要进行仔细反复地喷涂，不能有遗漏的地方，否则雨水会滞留在节点部位，造成室内渗漏。

（4）施工后 24h 内不得经受雨水侵袭，否则将影响使用效果，必要时应重新喷涂。

第六节 外墙拼接缝密封防水施工

针对建筑外墙的各种拼接缝进行密封防水处理的做法即外墙拼接缝密封防水，具体包括框架外墙板板缝、装配式墙板板缝、PC 幕墙、金属幕墙、玻璃周边接缝、金属制隔扇、压顶木、混凝土隔墙接缝等的密封防水。

一、施工流程

施工流程：基层处理→填塞背衬材料→粘贴防污胶条→涂刷基层处理剂→嵌填密封材料→修整密封膏表面→撕去防污胶条。

PC 幕墙

二、操作要点

1. 基层处理

基层上可能出现的不利于黏结的因素和相对的处理方法有以下几方面：

锈蚀：用钢针除锈枪处理；用锉、金属刷或砂处理。

油渍：用有机溶剂溶解后再用白布将其揩净。

涂料：用小刀刮除；用不会影响黏结的溶剂溶解后再用白布将其揩净。

水分：用白布揩净。

尘埃：用甲苯洗净后再用白布将其揩净。

2. 填塞背衬材料

根据外墙板缝的宽度，选用比该缝隙宽 4~6mm 的聚乙烯塑料泡沫作为背衬材料进行填塞，填塞到一定深度为止。

3. 粘贴防污胶条

在嵌缝施工时，为避免密封材料对外墙板的板缝周边造成污染，应在板缝两侧正面边缘粘贴 15~25mm 宽的防污胶条。且防污胶条应离缝槽立面 1~2mm。在正式嵌填密封施工前，对于已填塞衬垫材料的缝隙，将残余的灰尘等采用高压吹风机喷吹干净。

4. 涂刷基层处理剂

用油漆刷在缝隙两侧的基层表面上均匀地涂刷基层处理剂。

5. 嵌填密封材料

（1）施工时，需从纵横缝交叉处开始，将枪嘴深入缝槽底部，并按挤出嘴的斜度倾斜，均匀缓慢地边挤边后退，退时要防止枪嘴露出嵌填材料的外面。

（2）嵌填通常应先嵌填垂直于地面的竖向缝槽，再嵌填平行于地面的横向缝槽。嵌填竖向缝槽的方向是从墙根处自下而上进行，当缝缓慢向上移动至横向交叉处的十字形缝槽时，再向两侧横向缝槽各移动嵌填 150mm，并留有斜槎。接槎时，必须先挤出枪嘴空气，并在缝槽内已嵌填的密封材料中按倾斜度插入挤出嘴，直到挤出嘴直抵背衬材料表面，再按照上述方法嵌填。

6. 修整密封膏表面

密封膏填满外墙板缝后，要及时用蘸过有机溶剂的刮刀，把多出外墙表面的密封材料刮平，并将较薄的部位添加补平。刮平时，刮刀要具一定倾斜度，并沿一个方向进行刮平，直到表面光滑。

7. 撕去防污胶条

密封膏表面刮平、修整平整后，立即将缝隙两侧的防污胶条撕去。若墙体表面粘有少量密封材料（或防污胶条的黏结痕迹），要用相应有机溶剂或水擦除。擦除时切记不可损坏溶剂。

第七章　厨卫防水施工技术

第一节　厨卫防水设防要求

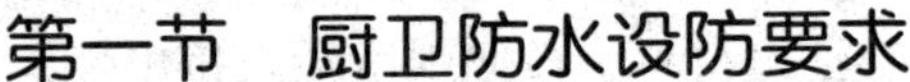

一、基本要求

1. 防水材料要求

设计人员根据工程性质选择不同档次的防水涂料。

高档防水涂料：如双组分聚氨酯防水涂料。

中档防水涂料：如氯丁胶乳沥青防水涂料和丁苯胶乳防水涂料。

低档防水涂料：如 APP、SBS 橡胶改性沥青基防水涂料。

2. 排水坡度确定

（1）地面向地漏处排水坡度通常情况下是 2%，高档工程可定为 3%。

（2）地漏处排水坡度，地漏处向外 50mm 处排水坡度为 3%~5%。

（3）地漏标高的确定标准是门口至地漏的坡度。

3. 地面防水要求

（1）防水层宜做在面层以下，四周卷起，高出地面 100mm。

（2）用建筑密封材料对管根处进行相关处理。

4. 卫浴间楼地面基本做法

（1）结构楼面。

①整体现浇钢筋混凝土板。

②预制整块开间钢筋混凝土板。

③预制圆孔板，板缝通过卫浴间时用水泥和砂按 1∶2 比例配制的水泥砂浆堵实抹平，上加玻纤布带一层，做防水涂料两遍。

卫浴间

（2）找坡层：向地漏处找坡 2%。

（3）将水泥和砂按 1∶2.5 配制成的厚 10~20mm 的水泥砂浆抹平压光。

（4）地面防水层，小管必须做套管。先作管根防水，用建筑密封材料封严（管根周围一圈凿成斜坡槽）；再做地面防水层，与建筑密封材料连成一体。四周卷起 100mm 高，与立墙防水交接并密封好。

（5）面层：将水泥和砂按 1∶2.5 配制成的厚 20~25mm 的水泥

砂浆抹面、压光。

（6）卫浴间墙面防水：隔墙材料做防水饰面，较高级工程做贴面砖防水，通常工程下部做水泥踢脚，上部既可做涂膜进行防水，也可满做防水涂料。

5. 电气防水要求

（1）电气管线一定要走暗管敷线，接口必须封严。电气开关、插座及灯具一定要采取措施进行防水。

（2）电气设施必须远离直接用水的范围，以确保安全。电气的安装和维修工作必须由专业电工完成。

6. 设备防水要求

设备管线明、暗管兼有。一般设计明管要求接口严密，节门开关灵活，无漏水。暗管设有管道间，便于维修，使用方便。

7. 装修防水要求

装修的材料耐水性能良好。面砖的黏结剂不仅要强度大、黏结力好，还要具有较好的耐水性。

8. 涂膜防水层的厚度要求

低档防水涂膜厚度要求 3mm，中档防水涂膜厚度要求 2mm，高档防水涂膜厚度要求 1.2mm。

二、坡度要求

（1）卫浴间的地面要坡向地漏方向，坡度为 1%~3%，地漏口标高要比地面标高低，以不小于 20mm 为宜；在以地漏为中心半径的 250mm 范围内，排水坡度应为 3%~5%。卫浴间存在浴盆时，盆下地面坡向地漏的排水坡度也要为 3%~5%。

（2）餐厅的厨房可设排水沟，其坡度不得小于 3%。此外，还要进行刚柔二道防水设防。

（3）卫浴、厨房间地面标高，至少比门外地面标高低 20mm。

三、构造要求

（1）卫浴、厨房间应采取迎水面防水，地面防水层要设在结构层上，并延伸到四周的墙面边角，比地面高 150mm。

（2）地面及墙面找平层均应采用 1：（2.5~3）的水泥砂浆，水泥砂浆中宜掺外加剂。

（3）一切有防水要求的房间的地面面积如果超过两个开间，都要在板支撑端处的找平层和刚性防水层上设置 10~20mm 宽的分格缝，并嵌填密封材料。地面应当运用刚性材料和柔性材料复合防水方法来防水。

（4）卫浴、厨房间的墙裙可贴瓷砖，高度不低于 150mm；上部可做涂膜防水层，或满贴瓷砖。

（5）洁具、器具等设备，以及门框、预埋件等沿墙周边交界处，适宜用高性能的密封材料密封。

（6）穿出地面的立管，要用水泥砂浆或细石混凝土堵严，凹槽（15mm×15mm）设在管根四周，不仅要用密封材料封死，还需和地面防水层相互连接。

（7）厨房间排水沟的防水层，应与地面防水层相互连接。

四、施工条件

（1）防水层施工前，要仔细检查所有管件、卫生设备和地漏等是否安装牢固，接缝是否严密。上水管、热水管、暖气管应加套管，套管应高出基层 20~40mm，并在做防水层前于套管处用密封材料嵌严。管道根部用水泥砂浆或豆石混凝土填实，并作密封处理，管道根部要比地面高 20mm。

（2）地面坡度一般为 2%（设计有特殊要求者除外），向地漏处排水。在地漏周围半径 50mm 范围内，其排水坡度应增大至 5%，地漏标高低于地面近 20mm。

（3）水泥砂浆找平层应做到平整坚实，不能存在麻面、起砂、起壳、松动及凹凸不平的现象。

（4）阴阳角、管道根处要抹成圆弧，其半径为 100~150mm。

（5）基层应干净、干燥，含水率不大于 9%（能在湿基面上固化的防水涂料除外）。

（6）自然光线比较差的卫浴间，要保持充足的照明和良好的通风条件。

（7）涂膜防水层施工时，环境温度应在 5℃以上。

五、材料进场复验

防水涂料进入施工现场必须持有产品合格证，并进行取样复验。复验项目有固体含量、抗拉强度、延伸率、不透水性、低温柔性、耐高温性能以及涂膜干燥时间等。上述复验项目都必须达到国家标准及有关技术性能指标要求。对有胎体增强材料的涂膜防水层，还应进行防水涂料与胎体增强材料之间的相容性试验。

六、施工技术要求

1. 施工前准备

（1）防水涂料进入施工现场前，必须根据国家标准或国家行业标准对涂料的不挥发物含量、延伸率、柔度和不透水性进行复验。

（2）涂刷工具：油漆刷、油灰刀、小棕刷、小桶、水准尺、橡皮刮板、钢尺等。

（3）操作工人只有穿工作服、戴手套和穿软底鞋后，才能进入施工现场。必要时要戴口罩进行施工。

2. 施工工艺

施工工艺详见生产厂家产品说明书。

3. 注意事项

（1）一般卫浴间面积小，光线不足，必须保持充足的照明，保持良好的通风条件。

（2）某些涂膜防水涂料的溶剂易燃，要注意防火、防毒。

（3）水性涂料，5℃以上的温度条件下才能进行施工。

4. 加强管理

（1）卫浴间面积小，各工种交叉作业，工序之间要配合好，要有成品保护措施。

（2）人员组织：通常一小组有2~3人。

（3）防水层未干，禁止在防水层上乱踩，以免破坏防水层。

（4）防水层做完后，进行蓄水，24h后没有出现渗漏，再做面层和进行装修。

七、施工程序

（1）先对穿墙管件进行施工。

（2）浴缸、抽水马桶、洗脸池等卫浴间用具一定要正确、平稳地安放。

（3）做卫浴间面层防水层。

（4）做水泥砂浆找平层。

（5）做地砖或马赛克贴面。

第二节　聚合物水泥防水涂料施工

聚合物水泥防水涂料是一种新型的绿色防水涂料，属于水性涂料，由于性能较好，生产和应用均达到环保标准，且能在潮湿基面上施工，操作简单，所以在厕浴间防水工程中应用较广。

一、施工准备

1. 技术准备

(1) 进行技术交底，掌握聚合物水泥防水涂料防水设计意图和构造要求。

(2) 学习涂料防水施工的方案，充分了解工程的具体要求、工程的重点和难点。

2. 主要机具

施工所用的主要机具见表 7-1。

表 7-1 聚氨酯防水涂膜施工主要机具

名称	用途	名称	用途
电动搅拌器	搅拌甲、乙料	铁抹子	修补找平层
搅拌桶	搅拌盛料	小平铲	修理找平层
小油漆桶	装混合料	扫帚	清理找平层
塑料或橡胶板	涂布涂料	墩布	清理找平层
铁皮小刮板	在细部构造部位涂刮涂料	高压吹风机	清理找平层
称量器	称量配料	剪刀	裁剪胎体增强材料
长柄滚刷	涂刷底胶、涂料	铁锨	拌和水泥砂浆
油漆刷	在细部构造部位涂刷底胶、涂料	灭火器	消防用具

3. 施工条件

(1) 对基层的要求　涂刷防水层的基层要求抹平、压光、压实平整、不起砂，含水率低于 9%，阴阳角处应抹成圆弧角。

(2) 施工气候及环境　涂刷防水涂料禁止在霜、雪、雨、露天气和大风（5 级以上）天气条件下施工，10~30℃是施工环境温度的要求，施工时应远离火源。

二、施工工艺

1. 施工流程

清理基层→涂刷底层防水层→细部构造附加层→涂刷中间防水层→涂刷表面防水层→第一次蓄水试验→饰面层施工→第二次蓄水试验→质量验收。

2. 操作要点

（1）基层处理和清理　基面表面必须保持平整、牢固、干净，不会出现明水和渗漏现象。凹凸不平及裂缝处须先找平，渗漏处须先进行堵漏处理，阴阳角要做成圆弧形，表面必须清扫干净。

（2）涂刷底层防水层　根据配合比配成涂料后，用手提电动搅拌器将其完全搅拌均匀；然后用滚刷或油漆刷均匀地涂刷于基层表面，不得漏底，一般用量为 0. 3～0. 4kg/m^2；待涂层干固后，方可进行下一道工序。

（3）细部构造附加层施工　在一些防水功能薄弱的部位，如地漏、管根、阴阳角等，可以铺设一层胎体增强材料进行加强处理，附加层宽度不应小于 300mm，搭接宽度不应小于 100mm。

施工时，要首先在细部构造部位涂一层聚合物水泥防水涂料，再铺胎体增强材料（优质玻璃纤维网格布），最后再涂一层聚合物水泥防水涂料。

（4）涂刷中间及表面防水层　根据防水涂料配合比配制拌和料，需要加水的话，要先在液料中加水，一边用搅拌器搅拌，一边缓缓加入粉料，充分搅拌至不含未分散粉料。将配制好的拌和料均匀地涂刷于已干固的底面防水层上。每遍涂刷用量以 0. 8～1. 0kg/m^2 为宜，涂覆要均匀，为使涂料与基层之间不留气泡、黏结严密，可以进行多遍涂刷。

（5）第一次蓄水试验　在最后一遍防水层干固后，进行蓄水试验，蓄水深度宜为 50~100mm，24h 后检查无渗漏为合格。

（6）饰面层施工　第一次蓄水试验合格之后，方可进行饰面层施工。

（7）第二次蓄水试验　饰面层施工完毕后，必须进行第二次蓄水试验，来保证厕浴间防水工程的质量。

三、质量要求与检验

1. 主控项目

（1）隔离层材质必须符合设计要求和国家产品标准的规定。检验方法：观察和检查材质合格证明文件及检测报告。

（2）楼层结构必须使用现浇混凝土或整块预制混凝土板，其中混凝土的强度等级不能低于 C20；楼板四周除门洞外，都要作混凝土翻边，其高度至少为 120mm。施工时，结构层标高和预留孔洞位置应准确，严禁乱凿洞。检验方法：观察和钢尺检查。

（3）水泥类防水隔离层的防水性能和强度等级一定要与设计要求相符。检验方法：观察和检查检测报告。

（4）防水隔离层禁止出现渗漏现象，坡向要正确、排水须通畅。检验方法：观察，蓄水、泼水检验或坡度尺检查，检查检测记录。

2. 一般项目

（1）隔离层和下一层间要结合牢固，不能出现空鼓；防水涂料层保持平整、均匀，不可出现脱皮、起壳、裂缝、鼓泡等现象。检验方法：用小锤轻击检查和观察。

（2）隔离层厚度要与设计要求相符。检验方法：观察和用钢尺检查。

第三节　氯丁胶乳沥青防水涂料施工

一、卫生间、厨房节点构造

1. 穿楼板管道

穿过楼板的管道主要有冷水管、热水管、排水管、暖气管、煤气管和排气管等，这些管道通常在楼板上预留孔洞或采用手持式薄壁钻机钻孔洞后安装立管。一般情况下，大口径的冷水管、排水管可不设套管；小口径管和热水管、蒸汽管、暖气管和煤气管，必须在管外加设钢套管，并高出楼地面 20mm。

（1）立管防水方法

①立管安装固定后，首先清理掉管孔四周松动的混凝土，然后在板底支模板，孔壁洒水湿润，聚合物水泥浆涂刷一遍后，浇筑 C20 掺微膨胀剂细石混凝土（比楼板面低 15mm），并捣实抹平。混凝土终凝后必须洒水养护，并挂牌明示，两天内禁止碰动管子。

②在混凝土达到一定强度后，首先将管道根部周围和凹槽内清理干净并使之干燥，凹槽底部垫牛皮纸或其他背衬材料，凹槽四周和管根壁涂刷基层处理剂。然后在凹槽中放入密封材料，挤压密封材料，并用腻子刀用力将其刮压严密至与板面齐平，使之饱满、密实、无气孔。

③待嵌缝密封材料固化干燥后，在管道四周用石灰膏筑围堰，作蓄水试验，24h 后观察无渗漏水为合格。如果发生渗漏，必须马上采取措施进行修补或返工重做，至合格为止。

④地面做找坡层、找平层时，在管道根部四周应留出 15mm 宽的凹槽，待地面防水层施工时，用密封材料对其进行第二次的填嵌和密封，使密封材料能够和地面防水层连接在一起。

⑤管道根部平面与立面周围应做涂膜防水附加层，平、立面尺寸各为200mm。然后根据设计规定用刷涂法进行大面防水涂料施工，延伸至管道根部以上不少于200mm处。

⑥地面涂膜防水材料在固化干燥之后，进行蓄水试验，以没有出现渗漏水为合格。

⑦地面面层施工时，管道要在管道根部四周50mm处成馒头形，且高出地面不能低于5mm，如果立管位置在转角墙处，应有向外5%的坡度。

（2）钢套管防水方法　钢套管内径要比穿管外径大2~5mm，套管顶部比装饰地面高20mm，底部与楼板底面的水平保持一致。套管按照设计要求就位安装后，可在上端向下50mm处设止水片，安装位置符合施工标准后，用密封膏把止水片周围嵌实。在套管周边应预留20mm×15mm凹槽，凹槽内用密封膏嵌填，封闭严密。套管与穿管之间的缝隙应用密封膏填实，表面要光滑。

2. 地漏

地漏由于是地面排水集中的部位，因此很易发生渗漏。而且铸铁地漏口大底小，在外表面与混凝土接触处，由于混凝土收缩容易产生裂缝，导致沿地漏周围渗漏水。

楼板上通常留有孔洞用来安装地漏。为解决铸铁地漏口大底小、与混凝土结合不好而产生沿地漏周围渗漏水的问题，可把防水托盘增设在原地漏处，以此提高地漏的防水能力。

3. 蹲式大便器

蹲式大便器的进水口、排水口、排水立管与楼板接缝处，大便器蹲桶四周与地面接缝处的防水能力弱，只有采取正确妥帖的防水措施才能避免渗漏的出现。蹲式大便器防水操作如下：

（1）排水口安装　事先在楼板上设留管孔作为大便器排水口，然后安装大便器排水口立管和承口，待细部防水处理好后，再将大便器出水口插入承口内安装稳固。

（2）灌孔留填槽　与穿楼板立管做法相同，立管安装固定好后，用C20细石混凝土灌孔堵严抹平，立管四周留20mm×20mm凹槽，用密封材料对凹槽内部进行交圈封严处理，上面防水层做到管顶部。

（3）增强附加层　对防水层进行大面积涂刷之前，可在立管四周做增强附加层，来提高排水口的防水能力。

（4）安装大便器　安装大便器时，要把适量油灰抹在清理干净的排水立管承口内，把适量灰膏铺设在排水管承口周围，然后将大便器出水口插入承口内稳正、封闭严密。

（5）冲水管连接　大便器进水口和冲水管连接后，套入胶皮碗，然后用铜丝扎紧、绑牢，最后用建筑密封膏封严。

（6）蹲桶四周防水　大便器蹲桶四周地面应向蹲桶内放坡，坡度不小于1%；大便器蹲桶四周与地面接缝处要紧密连接，做好防水工作。

（7）清理排水通道　大便器防水施工完成后，要及时把排水通道的灰渣、杂物等清理掉，确保排水的通畅。

4. 小便槽

小便槽渗漏的主要原因：小便槽防水层与地面防水层没有交圈，造成交接处渗漏；小便槽排水的坡度不当，形成积水，发生渗漏；小便槽排水口、地漏防水处理不当造成渗漏；小便槽墙面防水高度没有达到要求，造成墙面返潮等。

在对小便槽进行施工时，要认真做好防水工作，保证小便槽的正常使用。小便槽防水具体注意事项如下：

（1）地面防水层做在面层下面，四面向上卷起至少250mm高。小便槽防水层和地面防水层交圈，形成整体封闭的防水设防。

（2）立墙防水层要做到花管处以上100mm处，两端展开500mm宽。

（3）小便槽底坡度为2%，坡向排水口地漏；槽外侧踏步平台要做成1%的坡度，坡向槽内。

（4）小便槽地漏和地面地漏的防水工作要认真做好。

5. 厨卫其他部位

（1）对于各种洁具，要认真在排水承口中插入排水存水弯的下端，并用密封材料或橡皮圈密封。

(2) 门框、预埋件等与墙、地面交接处，都要采用高性能密封材料进行密封。

(3) 如有排水沟，其排水坡度不宜小于3%，并应设刚柔两道防水，且与地面防水层相互连接。

(4) 按照常规方法对厨房洗涤池排水管进行排水，菜渣等杂物会堵塞狭窄的管道，造成排水不畅，甚至完全堵塞，周而复始的“堵塞—疏通”给用户带来很大烦恼。用洗涤池贮水罐排水管进行排水的方法，虽然不会堵塞排水管，但是残剩菜渣长期贮存在贮水罐中，会腐烂变质，发出异味，所以应经常清理。

二、防水基层处理

基层是防水层赖以存在的基础，与卷材防水层相比，涂膜防水对基层的要求更为严格，要求施工坡度、基层质量、平整度和干燥程度等必须符合规定标准。

(1) 结构层处理。卫生间地面结构层宜采用整体现浇钢筋混凝土板或预制整块开间钢筋混凝土板。如果采用预制空心板，那么要用防水砂浆把板缝堵严，表面20mm深处以嵌填沥青基密封材料为宜；也可在板缝嵌填防水砂浆并抹平表面后，附加涂膜防水层，就是铺贴一层宽度为100mm的玻璃纤维布，涂刷两道厚度不小于2mm的沥青基涂膜防水层。

(2) 卫生间应采取迎水面防水，地面防水层应设在结构层之上，并延伸到四周墙面边角，且高出地面150mm。

(3) 地面及墙面的找平层都采用水泥和砂配合比为1：(2.5~3)的水泥砂浆，可以在水泥砂浆中掺外加剂。

(4) 凡有防水要求的房间地面，如面积超过两个开间，要在板支撑端处的找平层和刚性防水层上设置10~20mm宽的分格缝，并用密封材料进行嵌填。地面可以用刚性材料和柔性材料复合防水的方法进行防水。

（5）厕所、浴室、厨房的墙裙可贴瓷砖，高度不低于 1 800mm，上部可做涂膜防水层或满贴瓷砖。

（6）对洁具、器具等设备，以及门框、预埋件等沿墙周边交界处，适宜用高性能的密封材料进行密封。

（7）穿出地面的立管要用水泥砂浆或细石混凝土堵严，凹槽（15mm×15mm）设在管根四周，不仅要用密封材料封死，还需和地面防水层相互连接形成封闭的防水层。

（8）厨房可设排水沟，其坡度不得小于 3%，并设刚柔两道防水设防，与地面防水层相互连接。

厨房粘贴瓷砖效果

三、施工工艺

下面以氯丁胶乳沥青防水涂料为例，来介绍常见涂膜防水的具体施工工艺。氯丁胶乳沥青防水涂料，根据工程需要，将防水层的做法分为一布四涂、二布六涂或只涂三遍防水涂料三种。

1. 施工流程

一布四涂的施工流程：清理基层→满刮一遍氯丁胶乳沥青水泥腻子→涂刷第一遍涂料→做细部构造增强层→铺贴玻璃纤维布，同时涂刷第二遍涂料→涂刷第三遍涂料→涂刷第四遍涂料→蓄水试验→饰面层施工→质量验收→二次蓄水试验。

2. 操作要点

（1）清理基层　把基层上的浮灰、杂物清除掉。

（2）满刮一遍氯丁胶乳沥青水泥腻子　在清理完的基层上，满刮一遍氯丁胶乳沥青水泥腻子。对管道根部和转角处进行厚刮，并抹平整。腻子的配制方法是：在水泥中倒入氯丁胶乳沥青防水涂料，边倒边搅拌，至稠浆状时刮涂于基层表面，腻子厚度为2~3mm。

（3）涂刷第一遍涂料　待上述腻子干燥后，在基层上满刷一遍氯丁胶乳沥青防水涂料（在大桶中搅拌均匀后再倒入小桶中使用）。涂刷的料既不能太厚，也不能漏刷，涂刷的标准是表面均匀、不流淌、不堆积。立面要刷至设计高度。

（4）做细部构造增强层　在阴阳角、管道根、地漏、大便器等细部构造处要分别做一布二涂附加增强层，就是把玻璃纤维布（或无纺布）剪成相应部位的形状，铺贴在上述的细部构造处，并刷氯丁胶乳沥青防水涂料，要贴实、刷平，不得有折皱、翘边现象。

（5）铺贴玻璃纤维布，同时涂刷第二遍涂料　当附加增强层干燥后，在第一道涂膜上铺贴用玻璃纤维布剪成的相应尺寸，再在上面涂刷防水涂料，使涂料浸透布纹网眼并在第一道涂膜上得以牢固粘贴。玻璃纤维布搭接宽度不应小于100mm，并顺着流水接槎，从里面向门口铺贴，先做平面后做立面，立面要贴到设计的高度，平面与立面的搭接缝要留在平面上，距立面边最好大于200mm，收口处要压实贴牢。

（6）涂刷第三遍涂料　等到第二遍涂刷的涂料真正干燥时，即可涂刷第三遍防水涂料，涂刷要求满刷，并且均匀。

（7）涂刷第四遍涂料　待上遍涂料干燥后，便可满刷第四遍防水涂料，如此，一布四涂防水层施工便完成。

（8）蓄水试验　防水层真正变干，即可进行第一次蓄水试验。蓄水 24h 后没有发生渗漏即合格。

（9）饰面层施工　蓄水试验合格后，可依据设计要求及时粉刷水泥砂浆或铺贴面砖等饰面层。

（10）第二次蓄水试验　第二次蓄水试验用以检查防水层完工后是否被水电或其他装饰工程所损坏。蓄水试验合格后，即可完成防水施工。

第四节　刚性防水施工

厕浴、厨房用刚性材料做防水层的理想材料是具有微膨胀性能的补偿收缩混凝土和补偿收缩水泥砂浆。

补偿收缩水泥砂浆适用于厕浴、厨房的地面防水；相同的微膨胀剂，针对不同的防水部位，应使用不同的加入量，方能起到抗裂和抗渗的防水作用。

下面以 U 型混凝土膨胀剂（UEA）为例，介绍其砂浆配制和施工方法。

一、材料准备

1. 材料要求

（1）水泥　42.5 级普通硅酸盐水泥或 32.5 级矿渣硅酸盐水泥。

（2）UEA　应与《混凝土膨胀剂》（JC 476—2001）的规定相符。

（3）砂　中砂，其含泥量要小于 2%。

（4）水　饮用自来水或洁净非污染水。

2. UEA 砂浆配制要求

在楼板表面上铺抹 UEA 防水砂浆，针对不同的部位，来配制含量不同的 UEA 防水砂浆。不同部位 UEA 防水砂浆的配合比参见表 7-2。

表 7-2　不同防水部位 UEA 防水砂浆配合比

<table>
<tr><th rowspan="2">防水部位</th><th rowspan="2">厚度/mm</th><th rowspan="2">C+UEA/kg</th><th rowspan="2">UEA/(C+UEA)/%</th><th colspan="3">配合比</th><th rowspan="2">水灰比</th><th rowspan="2">稠度/cm</th></tr>
<tr><th>水泥</th><th>UEA</th><th>砂</th></tr>
<tr><td>垫层</td><td>20~30</td><td>550</td><td>10</td><td>0. 90</td><td>0. 10</td><td>3. 0</td><td>0. 45~0. 50</td><td>5~6</td></tr>
<tr><td>防水层（保护层）</td><td>15~20</td><td>700</td><td>10</td><td>0. 90</td><td>0. 10</td><td>2. 0</td><td>0. 40~0. 45</td><td>5~6</td></tr>
<tr><td>管件接缝</td><td></td><td>700</td><td>15</td><td>0. 85</td><td>0. 15</td><td>2. 0</td><td>0. 30~0. 35</td><td>2~3</td></tr>
</table>

二、施工工艺

1. 施工流程

基层处理→铺抹垫层→铺抹防水层→管道接缝防水处理→铺抹 UEA 砂浆保护层。

2. 操作要点

（1）基层处理　防水施工前，将楼面板基层清理干净，把质量比为 1∶3 的灰、砂配制而成的 UEA 砂浆（10%~12%）将凹凸不平处补平，在基层表面浇水，使基层保持湿润，但不能积水。

（2）铺抹垫层　用质量比为 1∶3 的水泥砂浆垫层，用质量比为 1∶3 的灰、砂配制而成的 UEA 砂浆垫层，将其铺抹在干净湿润的楼板基层上。铺抹前，按照坐便器的位置，准确地将地脚螺栓预埋在相应的位置上。必须将 20~30mm 厚的垫层分 2~3 层铺抹，每层应揉浆、拍打密实，垫层的厚度参照标高确定。在抹压的同时，还要完成找坡工作：地面向地漏口找坡 2%，地漏口周围 50mm 范围内向地漏中心找坡 5%，穿楼板管道根部位向地面找坡 5%，转角墙部位的穿楼板管道向地面找坡 5%。分层抹压完成后，用钢丝刷在垫层的表面拉毛。

（3）铺抹防水层　等到垫层的强度允许上人后，地面和墙面一定要清扫干净，并浇水充分湿润，然后铺抹四层防水层，第一、三层为10%UEA水泥素浆，第二、四层为10%～12%UEA（水泥∶砂=1∶2）水泥砂浆层。铺抹方法如下：

①第一层先将质量比为1∶9的UEA防水砂浆充分干拌均匀，再按水灰比加水拌和成稠浆状，然后用滚刷或毛刷涂抹，涂刷的厚度以2～3mm为宜。

②第二层灰、砂质量比为1∶2，UEA掺量的水泥质量以10%～12%为宜，待第一层素灰初凝后，即可铺抹，厚度为5～6mm，凝固20～24h后，适当浇水湿润。

③第三层掺UEA的水泥素浆层质量的10%，其拌制要求和涂抹厚度同第一层一样，待其初凝后，即可铺抹第四层。

④第四层UEA水泥砂浆的配合比、拌制法和铺抹厚度同第二层一样。铺抹时应分次用铁抹子压5～6遍，使防水层坚固密实，最后再用力抹压光滑，硬化12～24h后，即能浇水养护3d。

以上四层防水层的施工，必须在垫层坡度允许的范围内进行找坡，铺抹的操作方法和地下工程防水砂浆施工方法一样。

（4）管道接缝防水处理　等到防水层的强度符合规定标准时，把绑在楼板部位的模板条拆掉，对缝壁进行清洁处理，并按节点防水做法的要求涂布素灰浆和填充UEA（水泥∶砂=1∶2）掺量为15%的管件接缝防水砂浆，最后灌水养护7d。蓄水后，以接缝处没有出现渗漏为合格，如果出现渗漏情况，必须找到渗漏的位置，并立即对其进行修复。

（5）铺抹UEA砂浆保护层　保护层UEA的掺量为10%～12%，灰、砂质量比为1∶(2～2.5)，水、灰质量比为0.4。进行铺抹之前，一定要对有防水要求的部位如管道、预埋螺栓的根部及需用密封材料嵌填的部位进行防水处理（须用膨胀橡胶止水条）。然后就可分层铺抹厚度为15～25mm的UEA水泥砂浆保护层，并按坡度要求找坡，待硬化12～24h后，浇水养护3d。最后，按照施工设计的标准铺设装饰面层。

第五节 丙烯酸酯、水泥基复合防水涂膜施工

丙烯酸酯防水涂膜、水泥基复合防水涂膜是一种水溶型的环保高弹性防水涂料，是由优质、高弹的丙烯酸乳液和无机粉料配制而成的。它具有不少优点，如无毒无味、成膜弹性高、耐久性好，可以与涂膜一起调成彩色涂膜而具有装饰作用。

一、施工工具

油漆刷、剪刀、油漆桶。

二、施工工艺

1. 施工流程

材料准备→技术准备→基层处理→涂布底膜→细部处理→防水层施工→保护层→质量检验→成品保护。

2. 操作要点

（1）基层处理　基层找平层完工后上面不能有明显水迹，基层表面要有一定的强度，保持洁净、平整、光滑和坚实。阴阳角应抹成半径为50mm的均匀光滑的小圆角。

（2）节点增强处理　穿墙管道要安装牢固，连接处的接缝要严密。如果存在铁锈和油污，要用钢丝刷、砂纸、溶剂等及时进行清除。阴角、管道周围、施工缝及裂纹处等均需增强防水措施，其做法是在第一道涂膜施工前在该部位增强涂布一道涂膜（或铺贴一遍玻璃纤维布）。

（3）涂布第一道涂膜　涂布第一道涂膜防水材料，可用橡皮板刷均匀涂刷，尽量使厚薄保持一致，平面或坡面施工结束后，不允许

有人对没有固化好的防水层进行踩踏，涂抹施工过程中应留出退路，可以分区分片用后退法涂刷施工。

（4）涂布第二道涂膜　第一道涂膜固化后即能进行第二道涂膜，其施工方法与第一道相同，但涂刷方向要与第一道的涂刷方向保持垂直。涂布的每道涂膜与上一道相隔的时间由上一道涂膜的固化程度确定，一般不小于4h（以手感不粘为准）。

（5）涂布第三道涂膜　第二道涂膜固化后即能进行第三道涂膜，其涂刷方向要与第二道的涂刷方向保持垂直。

（6）成品保护

①施工人员应穿软质胶底鞋，严禁穿带钉的硬底鞋。施工过程中严禁非本工序人员进入现场。

②防水层上放方木铺垫后再堆料放物，但应注意轻拿轻放。

③施工用的小推车车腿均应包扎处理。防水层若搭设临时架子，架子管下口应加板材铺垫，以防破坏防水层。

④防水层经验收符合施工标准要求后，其上可以浇注细石混凝土或砂浆做刚性保护层，使用施工机具（如手推车或铁锹）时一定要注意保护好防水层。

⑤施工中若有局部防水层破坏，应及时采取相应的补救措施，以确保防水层的质量。

第六节　高分子益胶泥防水施工

高分子益胶泥是聚合物干粉防水砂浆的别称，外部形态是干粉状，适用于潮湿的基层面。优点是施工操作简单，防水能力强。

一、施工工具

施工工具主要是油漆刷和油漆桶。

二、施工工艺

1. 施工流程

施工的主要步骤包括：基层处理、灰浆配制、处理墙角及管道的根部、第一层刮涂、第二层涂刷、防水层养护和卫生间装饰面砖。

2. 操作要点

（1）基层处理　基层一定要平整、牢固、清洁，裂缝、蜂窝、浮灰、污垢和油渍要及时处理掉。

（2）灰浆配制　灰浆的配制和使用必须遵循以下原则：益胶泥干粉和水按 4∶1 的比例进行配制后，用人工或机械将其均匀搅拌成糊状；放置 5~10min，边拌边用，拌匀的益胶泥必须在 6h 内用完；施工温度要高于 5℃。

（3）墙角及管道根部的处理　墙角处的胶泥应当涂刷均匀，并且避免漏底和堆积的现象；管道根部用密封膏密封后上防水层，管道和墙地面的周围要密封严实。此外，为确保防水的严密性，管道口内沿一定要涂上胶泥。

（4）第一层刮涂　在清洁湿润的基层上稍用劲刮涂出一道厚 1~2mm 的密实的益胶泥灰浆，作为防水界面层。

（5）第二层涂刷　第二层涂刷紧跟着第一层刮涂，第二层厚 2~3mm，作为防水层，它的涂刷方向须与第一层涂刷的方向垂直，如果第一层是横向涂刷的，那么该层应上下方向涂刷。

（6）防水层养护　终凝后的防水层要得到养护，一般情况下，当防水层缺水、表面发白的时候，要马上在防水层上洒水进行养护，每天早晚数次。如果防水层裸露在外，那么养护期至少要有 7d；如果防水层的面上要做保护层或各种饰面，那么养护期至少要有 3d。

（7）卫生间装饰面砖　卫生间装饰的主要形式是粘贴装饰面砖，在粘贴装饰面砖时掺入益胶泥或其他任何一种防水材料做黏结材料，都会大大提高卫生间（尤其带淋浴的卫生间）的防水能力，使卫生间防水高度达到最高。

①单砖块贴。对饰面砖进行粘贴时，要在清理后的基层面或砖背面刮涂一道4mm厚的益胶泥灰浆做黏结层，然后按弹线或挂线分格，自上而下或自下而上粘贴面砖，等到黏结层终凝后，用弥缝泥进行补缝。

②双面涂层粘贴。当饰面粘贴有防水要求时，可采用双面涂层法，即在基层上刮涂一道2~3mm厚的益胶泥灰浆，同时在面砖背面刮涂一道同样厚度的益胶泥灰浆进行粘贴，等到黏结层终凝后，用弥缝泥进行缝隙的处理（终凝前饰面砖必须保持清洁，否则干后的清理会更加困难，且会污染面砖表面）。

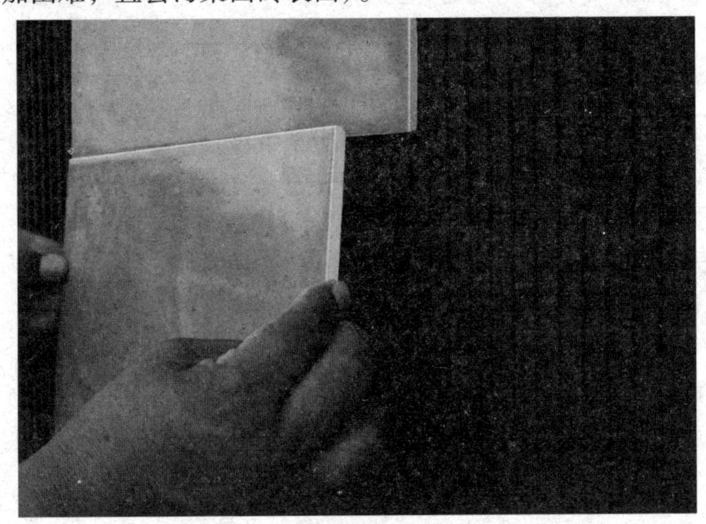

卫生间粘贴面砖

第七节　浴池防水施工

下面以三元乙丙橡胶防水卷材为例，来具体描述浴池防水卷材铺贴的操作要求。

一、材料要求

（1）三元乙丙橡胶防水卷材

①规格。厚度为1.2mm或1.5mm，宽度为1.0m，长度为20.0m。

②主要技术性能。抗拉断裂强度不低于7MPa；断裂伸长率不能低于450%；低温冷脆温度低于-40℃。

（2）聚氨酯底胶　由黄褐色胶体的甲料和黑色胶体的乙料作为原材料配制而成，主要功能是充当基层处理剂（相当于涂刷冷底子油）。

（3）CX-404胶　是一种黄色混浊胶体，主要适用于卷材与基层的粘贴。

（4）丁基胶黏剂　由黄浊胶体的A组分和黑色胶体的B组分按1∶1比例配制而成，主要适用于卷材接缝。

（5）聚氨酯涂膜材料　由褐色胶体的甲组分和黑色胶体的乙组分配制而成，主要适用于处理接缝和增补密封。

（6）聚氨酯嵌缝膏　主要适用于卷材收头处的密封处理。

（7）其他材料

①二甲苯。适用于浸洗刷工具。

②乙酸乙酯。适用于擦洗手。

二、作业条件

（1）铺贴防水层的基层表面要保持平整光滑，基层表面的异物、砂浆疙瘩和其他尘土杂物必须清除干净，不能出现空鼓、开裂及起砂、脱皮等现象。

（2）基层要保持干燥，含水率低于9%，阴阳角处要做成圆弧形。

（3）防水层所用材料因为多是易燃品，所以在进行存放和操作时要远离火源，做好防火措施。

（4）基层清理。施工前把验收不合格的基层上的杂物清理干净。

（5）聚氨酯底胶配制。聚氨酯材料根据甲、乙质量比为 1∶3 的比例进行配合，搅拌均匀后即能进行涂刷施工。

（6）涂刷聚氨酯底胶。大面积涂刷施工前，首先在阴角、管根等复杂部位均匀涂刷一遍，然后用长把辊刷大面积顺序涂刷，涂刷底胶的厚度要保持均匀一致，不能出现露底现象。涂刷的底胶经 4h 干燥后，用手摸不粘时，即能进行下道工序。

（7）特殊部位增补处理。

①增补剂涂膜。聚氯酯涂膜防水材料是由甲、乙两个组分根据 1∶1.5 的质量比配制而成的。聚氨酯涂膜可以作为附加层均匀地涂刷到防水功能薄弱的地面、墙体的管根、伸缩缝和阴阳角等部位，涂膜固化后即可进行下一工序。

②附加层施工。根据施工要求，阴阳角、管根等特殊部位可以用三元乙丙橡胶卷材铺贴一层处理。

三、施工工艺

1. 卷材铺贴要点

卷材铺贴要点见表 7-3。

表 7-3　水池防水施工卷材铺贴要点

序号	卷材铺贴工艺	卷材铺贴要点
1	弹线	铺贴前在基层面上排尺弹线，作为掌握铺贴的标准线，使其铺设平直
2	卷材粘贴面涂胶	在干净的基层上将卷材铺展，用长把滚刷蘸 CX-404 胶涂匀，搭接部位应留出不涂胶。晾胶至胶基本干燥不粘手为止
3	基层表面涂胶	底胶干燥后，用长把滚刷蘸 CX-404 胶在清理干净的基础面上均匀涂刷，涂刷面不宜过大，然后晾胶

（续）

序号	卷材铺贴工艺	卷材铺贴要点
4	卷材粘贴	基层面及卷材粘贴面已涂刷好 CX-404 胶后，以长 1.5m 的圆心棒（圆木或塑料管）将卷材卷好，由两人抬至铺设端头，注意用线控制，位置要正确，粘结固定端头，然后向另一端沿弹好的标准线铺贴，操作时卷材不要拉太紧，并注意沿标准线方向进行，以保证卷材搭接宽度。 （1）卷材不得在阴阳角处接头，接头处应间隔错开。 （2）操作中排气。每将一张卷材铺完，应立即用干净的辊刷从卷材的一端开始横向用力滚压一遍，从而排出空气。 （3）滚压。排除空气后，为使卷材粘结牢固，应用外包橡皮的铁辊滚压一遍。 （4）接头处理。用丁基胶黏剂将卷材搭接的长边与端头的短边 100mm 范围粘结。将甲、乙组分料，按 1∶1 质量比配合搅拌均匀，用毛刷蘸丁基胶黏剂，涂于搭接卷材的两个面，待其干燥 15~30min 即可进行压合，挤出空气，不许有皱折，然后用铁辊滚压一遍。凡遇有卷材重叠三层的部位，必须用聚氯酯嵌缝膏填密封严。 （5）收头处理。用聚氨酯对防水层周边嵌缝，并在其上涂刷一层聚氨酯涂膜。
5	保护层施工	做完防水层后，接下来按照设计要求将保护层做好。一般平面为水泥砂浆或细石混凝土保护层；立面为砌筑保护墙或抹水泥砂浆保护层；外做防水层的也可贴有一定厚度的板块保护层。抹砂浆的保护层应在卷材铺贴时，表面涂刷聚氨酯涂膜并稀撒石渣，以利保护砂浆层粘结

2. 热熔法或冷粘法卷材铺贴要求

采用热熔法或冷粘法铺贴卷材，应符合下列规定：

（1）池底垫层混凝土平面部位的卷材适合运用空铺法或点粘法，而与混凝土结构相接触的其他部位则适合运用满粘法。

（2）采用热熔法施工时，幅宽内卷材底的表面应当均匀加热，避免过分加热或烧穿卷材；采用冷粘法合成高分子卷材，采用的胶黏剂必须与卷材材性相容，且涂刷均匀。

（3）铺贴时将卷材展平压实，卷材与基面和各层卷材之间必须严密黏结。

（4）铺贴立面卷材防水层时，应当采取措施避免卷材下滑。

（5）两幅卷材短边和长边的搭接宽度都不能低于100mm。对于合成树脂类的热塑性卷材，搭接宽度以50mm为宜，在用焊接法施工时，焊缝的有效焊接宽度不能小于30mm。采用双层卷材时，上下两层和相邻两幅卷材的接缝均应错开1/3～1/2幅宽，且两层卷材不能出现垂直铺贴的情况。

（6）卷材接缝一定要粘贴严密。用材性相容的密封材料将接缝口密封，密封的宽度应不能小于10mm。

（7）在立面与平面的转角处，卷材接缝设置在平面，与立面之间的距离不能小于600mm。

3. 外防外贴法卷材铺贴要求

采用外防外贴法铺贴卷材防水层时，应符合下列规定：

（1）铺贴卷材要先铺平面，后铺立面，交接处进行交叉搭接。

浴池防水施工效果

（2）要用石灰砂浆砌筑临时性保护墙，墙的内表面要用石灰砂浆作为找平层，并刷石灰浆。模板只有涂刷隔离剂后才能代替临时性保护墙。

（3）从底面折向立面的卷材与池壁的接触部位要采用空铺法进行施工。与池壁接触的部位要临时贴附在池壁或模板上，卷材铺好后，要对其顶端进行临时固定。

（4）遇到不设保护墙的情况，必须立刻想办法对从底面折向立面的卷材的接槎部位进行保护。

（5）铺贴立面卷材时，首先要做的是揭开接槎部位的各层卷材，然后将卷材表面清理干净，发现卷材有局部损伤后，要立即对其进行修补。卷材接槎的搭接长度，对于高聚物改性沥青卷材是150mm，对于合成高分子卷材是100mm。当使用两层卷材时，卷材必须进行错槎接缝。